JN086039

モジュラー設計

新規図面をゼロにして、設計の精度・効率を向上させる

中山聡史 [著]

日刊工業新聞社

はじめに

　いつの時代も設計部門に求められているのは、効率化である。しかし、効率化と同時に品質・コスト・納期も求められているため、いつも何かの業務に追われている状態である。その上に市場ニーズが多様化し、付加価値の高い製品が求められ、その結果、製品構造は複雑化し、設計難易度が高くなる。

　このように何重にも制約条件が課されているのが、まさに今の設計者である。このような状況下で、最初に挙げた「設計の効率化」を進めようと会社が動いても、設計者はなかなか実現できず、いつまで経っても効率があがらず、残業をし、なんとか時間でカバーしている。その設計者の業務の中には多くのムダが存在し、その「ムダ」な業務をやっていることでさらに自分の首を絞めている状態になってしまう。例えば、図面番号が異なる図面でも形状がほぼ同じ状態の図面はないだろうか。過去に設計し、（強度計算や他部品とのインターフェースなど）、様々な内容を検討しているにもかかわらず、その時間をなかったことのようにして、新たな図面を書いてしまう。

　もちろん、過去の図面を検索することができない、検索しようにもキーワード検索で引っかからないなど、システム的な問題もあるだろう。しかし、システム的なこと以外にも大きな問題点が存在する。過去の先人達が設計したノウハウがあるにもかかわらず、そのノウハウを活用し、今の製品に落とし込めていないことである。それを改革するのがまさに本書で解説するモジュラー設計である。

　モジュラー設計は、設計の効率を向上させるために昔から言われていることであるが、中堅、中小企業はモジュラー設計の実現がまだまだ道半ばである。それには様々な理由が存在するが、大きな理由として、中堅、中小企業向けのモジュラー設計の実践の方針がこの世の中には存在しないためと私は考えている。

　もちろん、リソースが多くある大企業はモジュラー設計に取り組み、実践で活用し始めているが、受注生産品や少ない数の量産品の取り扱う会社は大企業と同じリソースや同じモジュラー設計の概念ではなかなか構築できず、途中であきら

めてしまい、元の仕事のやり方に戻ってしまう。また、大企業ではモジュラー設計を実践し始めていると述べたが、運用の部分についてはやはり課題が残っている。

効率化を実践すべく、新しいモジュラー設計の概念と方針を打ち出し、今の設計者の追われている仕事から脱却させなければならない。その強い意志を持ち、過去にモジュラー設計の構築に失敗した企業も再度取り組み、設計者の効率を向上させてほしい。そうでなければ、いつかは設計者が疲弊し、品質やコスト、さらには納期に満足させられる結果を出すことができず、製品のレベルがどんどん低下してしまうだろう（私は設計の負のスパイラルと呼んでいる）。

この負のスパイラルから脱却すべく、本書は、自動車メーカーで経験してきたモジュラー設計の在り方と、経営コンサルタントとして、設計改革活動で実践してきた内容をもとに「新モジュラー設計」を解説する。本書の内容は様々な経験に基づいて記載しているが、全ての企業にまったく同じ仕組みを導入することはできないかもしれない。しかし、この「新モジュラー設計」の概念を各企業の仕組みや風土に応用しながら、実践してほしい。その結果、QCDが向上し、設計の効率化ができ、少しでも疲弊している設計者の負担が少なくなれば、幸いである。

2020年7月

中山　聡史

実践！モジュラー設計
新規図面をゼロにして、設計の精度・効率を向上させる

CONTENTS

目　次

第4章　ケーススタディ　ミニ四駆のモジュール化

第 **1** 章

受け身の流用設計から
攻めの流用設計へ

1 間違ったモジュール化

1） 間違った流用設計とは何か

　製品設計を伴う多くの製造業の設計業務で実施されているのが、流用設計である。実はこの流用設計がくせ者で、多くの設計者を困らせているのが実態である。皆さんも経験があるのではないだろうか。

- 流用元から1つの部品を変更したことにより、不具合を発生させてしまった。変更してはいけない部分（基幹部品など）を変更してしまったことが原因。
- 流用した製品の大元が分からずに、様々な顧客仕様を含んだ製品になっているため、変更しなければならない箇所が非常に多い。
- どの流用元を選択すればいいのか分からず、図面全てを確認しないと、流用元を選択できない。

　以上のように安易に流用設計をしようとすると多くの問題があり、そのまま設計してしまうと設計工数が余計にかかるようになる。

　それでは問題を整理してみよう。
　流用設計時の問題点は流用モデルと派生モデルにあると考えている。まずは流用モデルと派生モデルの定義を考えてみよう。

> **流用モデル**：自社開発製品を使用し、新規設計、改良設計を加えたモデル（製品）のこと。
> **派生モデル**：流用モデル（製品）に顧客要求仕様などを反映するため、さらに改良の設計を加えたモデルのこと。

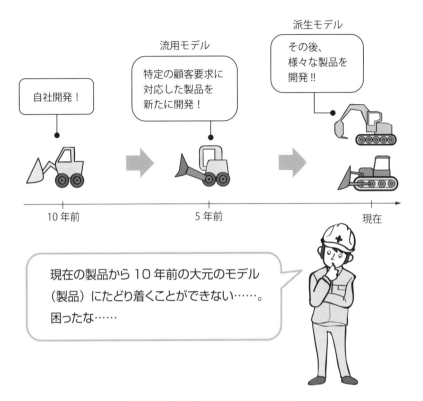

現在の製品から10年前の大元のモデル（製品）にたどり着くことができない……。困ったな……

図表1-1　派生モデルの問題点

　この定義を読んでわかるように、流用設計で問題を起こしている原因は、この「派生モデル」である。

　図表1-1のように、5年前の製品が流用モデルで、現在の製品が派生モデルである。この派生モデルを使用することにより、様々な問題が発生するだろう。

　現在の派生モデルはこのような簡単な状況ではなく、さらに混乱を招くような状態になってしまっている。それは、流用モデルから生まれた派生モデルが数十種類存在し、どのモデルがどのような仕様になっているのか一目で確認することが困難な状況になっているためである。設計者は多くの派生モデルを前にして、図面をめくりながら詳細な仕様を確認しなければならないことになる。

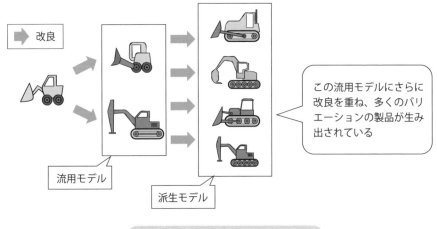

図表1-2　派生モデル発生の流れ

派生モデルの問題点

　図表1-2のように、流用モデルに改良を重ねた図面を作成し、新たなモデルを設計する。結果、どの部分が改良なのか、どの部分が特定の顧客だけの要求によって変更された部分なのかが視えなくなる。派生モデルの仕様の詳細内容が設計担当者でないと分からず、その派生モデルを修理する時などに困ることとなる。

　このようにして、何も仕組みのない状態で流用設計を実施していくと、大きな品質問題が発生することになる。本来であれば、流用設計が可能なように、バリエーションの管理や特定の顧客要求仕様の整理などを行った上で、どの設計者でも簡単に流用元の選定が可能にならなければならない。

2)　間違えることによって起こる品質問題とは

　設計起因による不具合を調査していくと、多くの企業で興味深いデータを集計することができた。実は、設計起因の不具合の約50％が過去に発生していた内容なのだ。全く同じ不具合では無いにしても、同じような現象の不具合が多く起

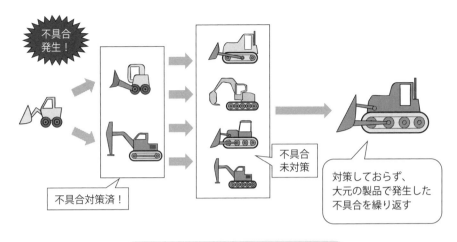

不具合発生！

不具合対策済！

不具合未対策

対策しておらず、大元の製品で発生した不具合を繰り返す

図表1-3　同じ不具合を繰り返す流れ

こってしまっている。その1つの原因がまさにこの「派生モデル」にあると考えている。

　過去の製品（大元の製品）で不具合を発生させてしまった場合、大元の製品の不具合を対策することはもちろんのこと、同じ部品や機構を使用している製品も同様の対策をしなければならない。大元の製品から1回改良を重ねた「流用モデル」については、調査できることが多いため、同じ対応策を織り込むことが可能である。しかし、その先の「派生モデル」となると、管理ができていない場合が多いため、全ての派生モデルに同じ対応策を織り込むことが難しくなってくる。その結果、派生モデルを流用する場合に気を付けて確認し、不具合対策が未実行であれば、織り込むという考え方に至ってしまう。その考え方が周知徹底できていればいいが、末端の技術者まで伝わっていないと、結果、**図表1-3**のように対策が織り込まれない状態で製品設計を完了してしまい、同じ不具合が繰り返される。

　このようにして、不具合が繰り返されていくのだ。不具合が繰り返されることによって、さらなる問題が降りかかることになる。

　不具合対策を行わなければならないため、次の製品開発のスタートが遅れるの

紙図　CADデータ

図面に赤丸で修正、赤線で手修正 !!!
⇒図面の元データは修正されていない。

「この図面は、実績もあるし、あのベテランさん
が書いた図面だから、そのまま流用しても大丈
夫のハズ。ベテラン製造部さんに任しておけば、
なんとかなるか!」（朱書きの図面を使用せず、
元データの図面を使用してしまう）

⇒結果、根拠のない図面を流用し、過去の製造段階で発生した不具合を繰り返す。

図表1-4　設計の負のスパイラル

だ。遅れると、流用元の選定の議論や検証が不十分になり、根拠がないモデルを
流用してしまう。そのため、設計変更部分が多く設計に時間がかかるうえに、製
品開発のスタートが遅れているため、出図期限に間に合わせ、必死の思いでなん
とか図面を仕上げる。この結果どうなるか読者の皆さんもお分かりになるだろ
う。製造段階で組立ができない、正しく動作しない、などの不具合が発生し、そ
の対応に追われる。また、次の製品開発スタートが遅れる……。**図表1-4**のよ
うなこの繰り返しを「設計の負のスパイラル」と私は呼んでいる。

3)　設計品質と製造品質

　品質トラブルと言っても、実は品質には2種類存在する。「設計品質」と「製
造品質」の2種類だ。間違ったモジュール化により品質が低下するのは主に「設

計品質」であり、設計品質の低下により、製造品質も悪化するという状態になる。モジュール化で品質トラブルを防ぐためには、設計品質にのみ着目するのではなく、製造品質に影響を与える設計品質も含めて考えなければならない。モジュラー設計でも必要な概念のため、ここで設計品質と製造品質の考え方を説明しよう。

(1) 設計品質と製造品質の目的

「開発〜製造の各段階で目標品質の作り込みを可能にする」ことである。

(2) 設計品質とは【狙いの品質】

「企画→開発→評価→生産準備」の段階で、目標とする品質を設定し、設計に反映させることである。目標とする品質を定め、設計段階でその品質を達成可能な状態にしなければならない。目標とする品質を満たしていなければ、市場要求を満足できていないという結果に繋がり、顧客から製品を買ってもらえなくなる。しかし、目標とする品質を達成するだけでは不十分である。目標とする品質を過達しているということは、その分コストに反映されているわけであり、コストが目標に届かなくなるだろう。よって、目標とする品質にピッタリあっていなければならないのだ。それが設計品質であり、狙いの品質とも呼ばれている。

(3) 製造品質とは【できばえの品質】

「モノ造り」の段階において、目標とする品質が確保できているか確認することである。設計品質とは異なり、作り込みにより、品質を確保、確認するという考え方になる。あくまでも設計が創造した品質の状態をモノ造り段階で確保することを指す。

（2）と（3）を総合的に考えると、設計品質が成り立っていなければ、製造品質も成立しないため、設計品質と製造品質の両方を確保するよう設計していく必要がある。

（4）品質を保証する考え方と歴史の変遷

確実に検査をするだけで、市場流出を防ぐことはできるが、設計、製造起因で発生している不良を防いでいるわけではないため、不具合「0」は達成できない！

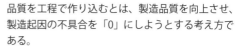

品質を工程で作り込むとは、製造品質を向上させ、製造起因の不具合を「0」にしようとする考え方である。
⇒製造品質は高まるが、設計起因による不具合を「0」にはできていない。

今の時代に求められているのは製品開発重点主義の品質保証である。目標の品質を立案し、達成可能な構造や機構を創造しなければならない。設計品質が向上すれば設計起因の不具合も減少し、製造品質も確保することが可能となる。

図表1-5　品質を保証する考え方と歴史の変遷

　図表1-5のように、設計品質と製造品質の両方を設計段階で確保しなければならない。確保できているモジュールをいかに準備できているかが非常に重要になる。

4）図面流用しているならモジュラー設計は可能か

　私は経営コンサルタントという立場から、様々な企業でのモジュラー設計に取り組んできたが、どの企業（特に受注生産の会社）でも、お会いして最初に言わ

れるのが、「当社の製品は受注生産のため、モジュラー設計のようにあらかじめ図面を準備しておくことなんてできません！　お客様ごとに要望が異なるので、流用設計の概念はありません」と……。

読者の皆さんはどう思うだろうか？　流用設計していないなんて、効率が悪くて仕方がない。ただ単にモジュラー設計を導入したくない言い訳だ。

そうは言ってもなかなか納得してくれないので、私はその会社の設計者の仕事の仕方を数日かけて観察する。どのようなことが起きているかというと……**図表1-6**のようにファイルで保管されている書類（図面一式）を複数出してきて、どの図面を参考にしようか悩んでいる。冒頭お話したのは流用設計しているのではなく、参考図面を見ながら設計しているという意味だ。結局のところ、「参考にする」という言葉と「流用する」という言葉の違いはあるが、実施していることはほぼ同じである。参考にするための製番を探し、製番の仕様書だけでは設計細部が分からないため、図面を確認している。そして、流用可能な図面をそのファイルから抜き取り、コピーしている。

そのコピーした図面を見て、CADデータがないか調査をし、あればCADデータを使用し、設計を始める。なければ、図面を見ながら、CADにて図面を作成していく。

どの製番（製造番号）の
内容を参考にしようか?
仕様書だけじゃわからない
な。じゃあ図面を確認して
いこう

図表1-6　流用元の選択に時間がかかる理由

このように実際に「流用している」ということは、その会社のコア技術部分や強みとなる技術、機構部分は毎回同じ図面を使用しているということだ。この事実が非常に重要である。

同じ図面を使用しているということは、その図面を機能などで分解したときに1つの塊として定義した上で、今までと同じように、その塊を流用すればいい。これが最も簡単なモジュール化の考え方である。

5) 間違った流用設計が与えるQCDの影響

間違った流用設計によって引き起こされる問題は、QCD全ての内容に影響を与える。

Q（品質）

①流用元の品質確認ができていない場合が多く、何も変更していないにも関わらず、過去に発生した問題を繰り返してしまう。特に**会話1-1**のように、図面通りに加工や組み立てができないにも関わらず、製造部門内で図面に朱書きを

会話1-1

設計者
よし、流用元のこのユニットは何も変更していないから、早めに出図しておこう

製造者（若手）
この図面のままでは
加工ができない……

製造者（ベテラン）
また、この図面を出してきているよ。このまま作成したら作れないから、前の朱書きの図面を見てごらん

加えた上で、間違った図面でも加工や組み立てができる状態にしてしまっている。その情報は設計部門にフィードバックされないため、同じ図面で問題がないと信じ、そのまま出図してしまう。このように、過去からの問題をそのまま放置したことにより起きる品質問題が大多数を占めている。

②流用元の変えていい部分と変えてはいけない部分が分からないため、その製品のコア技術の部分を変更してしまい、本来、その製品に必要な機能が失われてしまう。

> C（コスト）

①製造段階における品質不具合を解消するために、**会話1-2**のように協力会社に特急で加工、組み立てを行ってもらわなければならなくなる。その結果、特急料金が発生することにより、原価が大幅に増加する。

②品質問題によって引き起こされるのは、視えている原価だけではない。むしろ視えていない原価（集計していない原価）の影響の方がはるかに大きい。視えていない原価というのは、「設計者の対応工数」「製造者の対応工数」「製造者の手待ち分工数」「加工やり直しによる材料費」などである。品質問題を発生

会話1-2

設計者
しまった！ すぐに図面を修正して、
○○加工さんにお願いしなくては

○○加工
明日、仕上げるためには、特急料金で倍の金額になりますが……

設計者
それでお願いします！ 上司には
許可を取っていますので

させると、視えている原価以上に、視えていない原価により、企業の収益は圧迫される。本来は、視えていない原価も集計しなければならないが、品質問題を引き起こしている企業ほど、集計していないことが多い。結果、何によって、時間、利益が圧迫されているのか分からず、視えない敵を相手にすることとなってしまう。

D（納期）

①品質問題により、納期に間に合わせようと多くの工数を投入するが、簡単な不具合であれば、納期通りになんとか間に合わせることができる。しかし、流用設計の間違いによる品質問題は、製品の機能に影響を与えるような不具合の方が多いと考えられる。そうなると納期に間に合わなくなり、営業部門が顧客に謝りに行くといった光景が日常的に繰り返される。結果、顧客からの信用もなくなると次の受注がもらえなくなり、企業にとっては苦しい経営状態となってしまう。

②流用元を正しく選択できておらず、設計リードタイムが通常よりも長くかかっ

会話1-3

設計部長
あれ？　この製品であれば、〇〇様の装置の方が機構、機能が似ているよ……

設計者
（え!?　今更そんなこと言われても）〇〇様の装置を流用し、設計し直します……

設計部長
基本設計DRまであと1週間しかないから、Bさんにも手伝ってもらえ！

てしまう。これは誰でも経験があるのではないだろうか。**会話1-3**のように基本設計をある程度仕上げたあと、上司に「この時期の流用元を選択した方が良い」と言われる。まさに「今さら、そんなこと言うなよ！」と設計者は心の中で思っているだろう。このように上司と部下で流用元に対する知識が異なるために、リードタイムに影響を与えるような間違った流用設計をしてしまう。

2 間違ったモジュール化運用

1）モジュールが使えない!?

実はモジュール化の一番の落とし穴は運用の部分にあると、皆さんはご存知だろうか？ 3DCAD化によって、様々なモジュールを設定し、使えるように準備しておいた！ という企業は多くあるだろう。私のクライアント先でも3DCAD化によって、モジュラー設計に取り組んでいる企業は多くあるが、その実態を探ってみると……。恐ろしいことに、モジュールをせっかく準備しているにも関わらず、前の流用設計と同じやり方、過去製番を流用して設計しているではないか。

なぜ昔のやり方に戻ってしまっているのか、設計担当者にヒアリングすると、

> 「モジュールを使用して、3DCADでモデルを作成しようとすると、様々な部分を変更しなければならず、時間がかかるんです。今までの2DCADの時の方が早いですよ。3DCADのモデルを作成しないといけないので」

このような答えが返ってきた。このような状態ではなぜ3DCADを導入したのかまったくわからないし、改悪になってしまっている。まさに3DCAD導入やモジュラー設計の落とし穴である。

では何をしなければならなかったのだろうか。また、どのような点に問題があるのか。一度整理して考えてみよう。

モジュール自体の問題点

　モジュール自体に問題がある場合、どのような問題があるだろう。例えば、分かりやすい内容で説明すると、受注生産の企業の多くが「標準機」というものを定めている。要は設計する時の標準となる機種のことだ。その機種を必ず流用し、設計をしていく。派生の機種を作らないための仕組みだ。ということは、モジュールの単位で言うともっとも大きな単位が標準機ということになる。

　しかし、この標準機というものがくせ者で、標準機を使用するというルールを定めているにもかかわらず、設計者は「過去の実績ある製品」を使用し、設計している。その理由は、今回受注した内容が過去に設計した製品の内容と似ており、標準機を使用すると設計変更や追加に大幅に時間がかかってしまうからである。このような理由から標準機を使用しなくなる。

　この問題は、モジュールの設定自体に無理があったのだ。何のバリエーションもなく、標準機のみを設定したところで、標準機を使用できるハズがない。また、**会話1-4**のように「標準機を使用しなさい」という号令がルールとなってしまっていると、設計者はそのルールを守れるハズもないだろう。

　モジュールというのは、どのような受注が来ても、「組み合わせ設計」ができるような状態にすることが求められているのだ（組み合わせ設計の考え方は後ほど説明する）。

会話1-4

設計部長
標準機を使用して設計を進めなさい。
派生の製品を造らないために大事な
ことだ!

設計者
そうは言っても、リードタイムも短いし、
標準機を使用すると追加や変更が多いし、
過去の製品を流用しておくか

2) モジュールを選べない!?

　モジュールを設定し、そのモジュールの中には様々なバリエーションを準備した。かなり使いやすい状態にあるが、運用方法を決めていないと、思ってもみなかった落とし穴が待っていることがある。それはモジュールの中にあるバリエーション（選択する部分）や寸法を変更する部分（形状が変動的に変更される部分）の選択、設定基準を作っていなかったため、設計者が本来選択できない仕様にもかかわらず、選択してしまうということである。具体的に説明しよう。

　例えば、シャープペンシルで考えてみよう。シャープペンシルには、様々な機能やバリエーションが存在する。そのバリエーションの中には、**図表1-7**のように、シャープペンシルの芯を送り出すために親指で押す部分に、消しゴムが設定されているものが存在する。

　消しゴムを設定しようとすると、消しゴムの受け皿となる形状の部品が必要となるはずだ。シャープペンシルのメーカーの設計者に自分自身がなったと仮定する。製品企画書には、消しゴム付きであることの要件があるため、モジュールから消しゴムを選択したが、依存関係にある部品として、先ほど説明した受け皿の

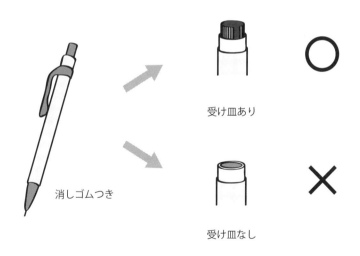

図表1-7　シャープペンシルの仕様依存関係

ような形状の部品も設定する必要がある。しかし、その設定を忘れ、消しゴムを取り付けることができない部品を設定してしまった。

　結果、**会話1-5**のように、3DCADで組み合わせる時に間違いに気付き、慌てて修正したものの、試作品を作成するための各部品の先行手配はすでに実施しており、再度、先行手配が必要となった。

設計者
製品企画書を見て、消しゴムを選択しよう。あとは、前回開発した内容とほぼ同じだな

設計者
とりあえず、試作品のためにこの部品リストにある部品を先行発注しよう!

○○加工
あれ?　この部品じゃ消しゴムが取り付けられないぞ……

設計者
すいません。受け皿を間違って発注しました。再度発注しますので、待ってください

○○加工
(やれやれ、まただ……)
分かりました

このように運用の基準として、選択の基準（特に先ほど説明した依存関係にある部品の明確化）を設定しておかないと、設計者が間違えて選択してしまった場合、手戻りが発生する。モジュールを作成し、設計効率を向上させ、手戻りのない仕組みを構築したにもかかわらず、多くのムダが発生していまい、せっかく時間をかけて構築した仕組みの意味がなくなってしまう。

3) モジュールだけでは顧客要望に応えられない!?

標準化やモジュール化をすると、特に受注生産企業の営業マンが、「決められた仕様の製品を売ってこい！ ということですか？ 今までの会社の強みが消えてしまい、受注することができなくなりますよ？ だって、今までの会社の強みはお客さんの全ての要望に応えることですから。それでもいいのであれば、決められた仕様を売ってきますよ！」と怒りの声を間違いなく言ってくる。この営業マンの言っていることは正しいと、多くの営業マンはそう思うだろう。

しかし、顧客の言っていることが全て正しいとは限らないし、同じ機能を持っていたとしても顧客の要望に応えるために少し構造を変更する必要がある。その結果、新たな図面が生まれ、新たな加工方法が必要となる。その「新たな」という部分で不具合やクレームが発生する可能性が出てくる。同じ機能を持った部品や形状なのであれば、顧客に説明し、モジュールであらかじめ設定されている部品を使ってもよいのではないだろうか。

モジュールでの注意点は、決められた仕様として、過去に顧客の要望を受けて実現した仕様が全て選択できるようになっていることが挙げられる（全て、とは今後受注する可能性のある仕様ということ。今後受注の可能性のない仕様まで設定する必要はない）。その中から顧客が選べばいいだけなのだ。

また、違う視点で「確かに顧客の要望をそのまま実現してきたが、本当にその仕様は必要なのか？ 顧客が言っているからといっても、モジュールで設定している仕様で代替はできないのか？」と考える。同じ機能を持っているのであれば、顧客が言っている仕様にこだわる必要はないかもしれない。受注生産の既成概念で、顧客が言っていることを全て実現しなければならないと考えてしまいがちである。しかし、その要望を全て叶えてきたからこそ、派生の製品がたくさん

第1章

受け身の流用設計から攻めの流用設計へ

会話1-6

顧客
この部分の形状だが、このように
持ちやすい取っ手を付けてくれ!

営業マン
分かりました! フタを持ち上げるため
の取っ手ですね。それは上向きに取
り付けなくても、横向きでも外れや
すいので、この形状ではどうですか?

顧客
いや、当社の設備のフタは全て上
向きについているから、上向きに
してくれ!

営業マン
上向きですと、特注仕様になります
し、価格が合わなくなってきます。横
向きの方が、メンテナンス時に安全
を確保しやすくなりますよ

顧客
うむ(安全と言われるとな……)。
他の装置と一緒でなければならな
い理由はあまりないしな。その仕様
で頼む

生まれ、管理することができない状態になっている。その製品を設計、製造するにあたっては、受注する企業の方が「プロ」である。その「プロ」が顧客の言いなりになってはいけない。顧客が実現したいことは何で、そのためにはどのような構造が最適なのかを、受注する企業側で答えを出さなければならない。だからこそ、過去の経験やノウハウ全てを詰め込んだモジュールを使用することにより、顧客の目的を叶えることが可能となる。また、その目的を今までよりも短いリードタイム、低コストで実現することができれば、顧客は自分の要望した形状にこだわらなくなるだろう。

会話 1-6 の設備のフタの事例で説明したように、顧客が言っていることの中には、今までの慣習上、こうしなければならないと決めつけている内容もある。それを事例のような「安全」という切り口で、その会社の仕様の方向に誘導するのだ。そのように仕向けることで、決められた仕様のまま販売することが可能となり、品質、コスト、納期のQCD全ての内容において、顧客にもメリットが出てくるだろう。

3　モジュールのコア技術

1)　コア技術が分からない!?

そもそも日本の製造業の強みは、どこにあったのだろう。強みは、「擦り合わせの技術」と呼ばれている。擦り合わせというのは、シーズ志向製品ではなく、ニーズ志向製品を開発することであり、市場や顧客のニーズを細かくくみ取り、それぞれの製品に反映させていく。そこに強みがあった。海外の企業は擦り合わせよりシーズ志向型製品の開発が中心である。シーズ志向とは、その企業がある程度の大枠のマーケティングをした上で、市場や顧客にとって必要な製品や機能はこうだ！　と決めた上で製品を生み出すことだ。

製造業としてはどちらの方がよいのかというと、それぞれ一長一短である。前

者は様々な製品の仕様が発生するため、管理やノウハウの伝承などが難しく、技術者に属人的な状態になりがちだ。しかし、後者はある程度管理すべきモジュールや単位が決まっているため、ノウハウの視える化がしやすく、技術者が視える化された内容を確認しながら、設計を進めていくことができる。

　一方、汎用的な技術的内容においては組み合わせ設計がしやすいが、難易度が高い技術的内容になると途端に組み合わせ設計が難しくなる。そのため、技術的難易度が高く、コア技術内容が視える化されていない技術については、組み合わせ設計＝モジュール化をしていないことが多い。これでは技術的内容が属人化されるため、その技術内容を知っている技術者しか開発ができない状態に陥る。まさに擦り合わせ設計だ。

　企業の競争力を高めていくのであれば、誰でも簡単に設計や開発が進められる状態（もちろんある程度の製品や設計の知識は必要だが）にしなければならない。「あの人がいないと、この製品の設計はできない」では困るのだ。

　私が提唱しているのは、組み合わせ設計の中に擦り合わせ設計で培ってきたノウハウやコア技術を入れ込むことだ。まさに組み合わせ設計と擦り合わせ設計の融合。これが新しいモジュール化の概念だと考えている。

　図表1-8〜10で面白いデータを紹介しよう。経済産業省が調査した、コア技術の流出に関しての結果だ。この内容をよく見てみると驚愕の事実が示されていた（製造業357社に調査した結果）。

（1）コア技術の流出の有無

技術流出の有無	①明らかに技術流出した	19.30%
	②恐らく技術流出した	16.50%
	③技術流出無し	60.50%
	④その他	3.60%

約36%の企業が技術流出の可能性があると危惧している。
⇒日本だけではなく、アメリカ、中国へノウハウが流出している。

図表1-8　コア技術の流出があった割合

これだけの割合で技術が流出している。欧米の企業データを調査したことはないが、私が欧米の技術者と話をしている限りでは、このような割合はあり得ない。

(2) 流出した技術内容

流出した技術	①中期的な最先端技術	5.70%
	②中期的な基盤技術	31.70%
	③企業内での重要技術	35.00%
	④汎用技術	27.60%

約72%がその企業での重要な技術。さらにはその企業が今後発展すべく開発した最先端技術や基板技術が流出しているという状況。

図表1-9　流出した技術内容の割合

このデータを見て、私は驚愕した。その企業にとって重要な技術の72%が流出している。流出した結果、その企業は競合他社に真似をされ、競争力が低下してしまうのだ。

(3) 流出したルート

流出ルート	①技術者の退職者による流出	62.20%
	②リバースエンジニアリングによる流出	71.70%
	③技術データ喪失による流出	52.80%
	④その他	3.10%

流出ルートを複数回答で確認すると、多くはリバースエンジニアリングと技術者の退職である。もちろん、視える化したノウハウデータが流出してしまうことは大きな問題だが、そもそもノウハウデータが無い企業が多く、属人化している場合は技術者の退職が最も脅威となる。

図表1-10　流出したルートの割合

私はこのデータを見て、声が出なかった。リバースエンジニアリングによる流出は今に始まったことではない。日本や韓国が得意にしている手法だ。この手法により、企業が切磋琢磨しながら、技術を磨き上げてきたと言ってもいいだろう。リバースエンジニアリングはただ単に分解・調査するだけではなく、その製品が持っている機能や様々な形状、設計思想などを技術者が研究した結果、コア技術を見つけることができるのだ。よって、ある程度の時間がかかる。

　しかし、①の退職による流出は、人さえヘッドハンティングしてしまえば、コア技術を手に入れることが可能になる。すなわち、すぐに製品開発に使用できる。また、退職した技術者が持っているコア技術がその企業に蓄積できていれば問題はないが、ヘッドハンティングにあうような技術者が持っているノウハウは、往々にして蓄積されていないことが多いのだ。

　このデータが証明しているように、今の世の中は人が流動していき、昔のようにある企業に定年まで勤めあげるという考え方が少なくなってきている。そんな状況でもコア技術の蓄積に力を入れず、技術者任せにするのだろうか？

　そのような状態をいつまでも続けていては、企業の競争力がなくなっていく。コア技術を蓄積し、そのコア技術をいつでも誰でも使用できる状態にする＝組み合わせ設計の中にコア技術を組み入れることが必要になってきた。

2）知らない間に使用しているコア技術とは？

　今の主な設計手法は流用設計だ。その流用している部分の技術内容を全て把握している技術者はどれだけいるだろう。このような質問をすると多くの技術者は、「すべて把握して流用しているに決まっているでしょう！」と答える。しかし、本当にそうだろうか。流用している部品の寸法や公差はなぜその値になっているか、本当に分かっているだろうか。答えはNOだ。知らない間に、諸先輩が決めた寸法と公差を使用しているのだ。

　まさに、ここにコア技術が眠っているハズだ。全ての製品は原理原則、物理現象、科学的根拠に基づき決まっている。そうでなければ、技術者が考えた性能や品質は絶対に確保できない。

　会話1-7のように、その原理原則に従って創造した形状や構造について、意

会話1-7

設計者
この流用部分はベテラン技術者の設計部長が決めた内容だから、そのまま使用してもいいだろう

設計部長
ばかもの！　わしが決めた内容には意味があって、その意味や意図通り使用しないと必ず問題が起きるぞ！

味や意図を知らないと間違った使い方をしてしまい、不具合が発生する可能性がある。コア技術は、前項のように間違った使い方をしないようにするといった問題の未然防止の意味も含まれている。

3)　コア技術を知らないために起きる問題とは？

　先ほども述べたように、流用設計をしているなか、流用内容をよく吟味せずに、安易に設計をスタートしてしまうと、新規設計していない部分で問題が起こることがある。流用部分と新規設計部分のインターフェースである。

　特に流用部分は過去の実績から、そのまま安易に流用してしまうことが多い。流用したとしても、使用環境条件の違いなど、どのような「変化点」が存在するか確認するまでは、安易に流用できると判断してはいけない（変化点管理の詳細内容については、第2章で詳しく解説する）。

　例えば、**図表1-11**の図面を流用する時には、どのようなコア技術に気を付けなければならないだろうか。

　そこまで複雑ではない形状の部品でも多くのコア技術のポイントが抽出され

る。例えば、技術基準の強度計算だが、キー溝にどれくらいのトルクがかかっても問題ない寸法になっているか検討しなければならない。この計算を省略してしまい、問題が発生することがよくある場合は要注意だ。

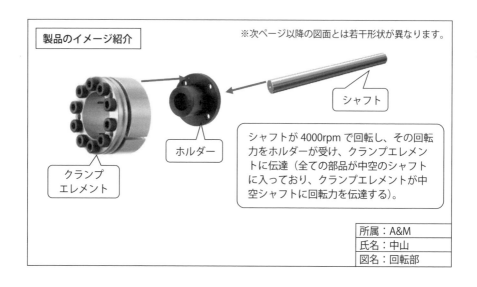

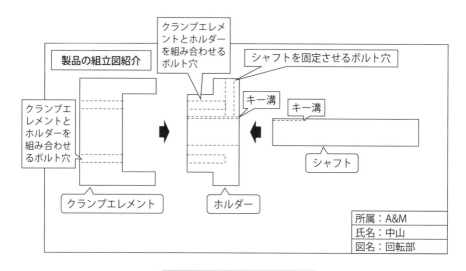

図表1-11　回転部の組立図

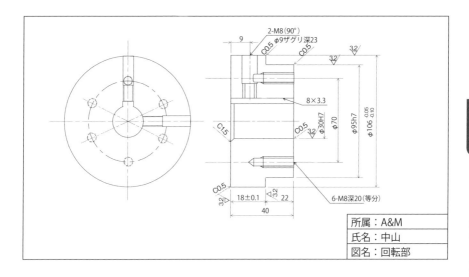

コア技術項目	コア技術の考え方
設計仕様書	目標品質である4000rpmが満足可能な形状になっているか検証する必要がある
シャフトとクランプエレメントの図面	シャフト図面：はめあい、キー溝部分の確認 クランプエレメント：ボルト穴の結合部分の確認
技術基準 【強度計算】	キー溝にトルクがかかるため、キー溝の寸法が正しいか検証する必要がある
公差基準 【軸のはめあい公差】	軸がはまる部分のはめあい公差の確認 ⇒軸が回転するため、そのはめあい公差で抜けないか検証する 　必要がある

図表1-12　コア技術内容

　また、ホルダーはシャフトから直接回転を受ける部品であるため、シャフトの最大、最小回転数やトルクなどに変化がないか確認しなければならない。確認した上で、現状のホルダーのままでよいのかを判断する必要がある。その判断の基準や前製品で使用していた使用条件などが**図表1-12**のとおりコア技術に記載され、その内容をもとに流用可否の判断を行う。そのような明確な判断により、後工程で発生する問題点を未然に防ぐことができる。

4 第1章まとめ
【受け身の流用設計から攻めの流用設計へ】

1．間違ったモジュール化

1）間違った流用設計

　流用モデル：自社開発製品を使用し、新規設計、改良の設計を加えたモデル

　派生モデル：流用モデル（製品）に顧客要求仕様などを反映するため、さらに
　　　　　　　改良の設計を加えたモデル

　大元の製品を常に使用し、流用モデルによる製品設計をする必要があるが、流用モデルをさらに改良し、派生モデルで製品設計をするため、管理ができない状態になる。このような状態にならないよう、大元の製品のバージョンアップと流用モデルのバリエーションの管理が重要となる。

2）派生モデルによって起こる品質問題

　派生モデルにより引き起こされる品質問題は、1つの派生モデルにとどまらず、他の派生モデルでも同じ品質問題を引き起こす可能性が高い。一度品質問題を起こしてしまうと、問題を解決するために多くの時間を費やさなくてはならず、次の開発に移行できない。スタートが遅れるために、しっかりした検証ができず、また品質問題を起こしてしまう。これを「設計の負のスパイラル」と呼ぶ。「設計の負のスパイラル」を起こさないためにも、管理できていない派生モデルを使用してはならない。

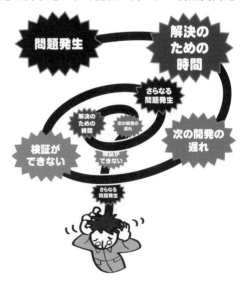

3) 設計品質と製造品質

　設計品質（狙いの品質）を高めることにより、この世の中で発生している品質問題は解消される。また、設計段階で製造品質（できばえの品質）を含めた品質を確保しなければならない。モジュール化は設計の都合のみを考えた仕組みではなく、最終工程である製造品質を含めて、仕組みを構築しなければならない。

4) 図面流用とモジュラー設計

　流用設計とモジュラー設計は、仕組みは違えど、設計のリードタイムを短縮するという目的は同じである。モジュラー設計の一部の手法が流用設計である。流用設計では、同じ製品でも、設計者によって異なる図面がアウトプットされる場合がある。それは設計者の考え方や設計の進め方が異なるためだ。その違いを無くすのがモジュラー設計であり、誰でも同じアウトプットになることを目標とする。

5) 間違った流用設計でのQCD

(1) Q（品質）：流用元の品質確認ができていないため、過去の発生した問題を繰り返してしまう。また、流用元の変えてはいけない部分を理解しないまま、変更した結果、本来、その製品に必要な機能が失われてしまう。

(2) C（コスト）：製造段階での品質不具合を解消するために短期間で修正をするため、通常よりも高い費用が発生する。また、視えない工数（品質不具合対応工数）が発生することにより、結果、利益を圧迫する。

(3) D（納期）：正しい流用元が選択されないことで、設計リードタイムが通常よりも長くなる。

2. 間違ったモジュール化運用

1) モジュールが使えない!?

　モジュールの単位で最も大きい標準機を設定するだけでは、設計開発に活用することが難しい。顧客から要求される様々なバリエーションが存在するため、標準機では顧客要求に答えることが難しくなる。結果、標準機やモジュールを使用せず、今までの設計のやり方＝派生モデルの流用で設計してしまう。

2) モジュールを選べない!?

　モジュールを設定しても、その中にあるバリエーションの選択、寸法を変更する基準などを設定していないと、実際に設計する段階で、モジュールを選ぶことができなくなる。選んだとしても、依存関係にある部品を無視し、本来組み合わせることができない部品を選択すると、製造段階で品質問題が発生する。

3) モジュールだけでは顧客要望に応えられない!?

　顧客の要望を全て叶えることを「強み」と勘違いしている場合が多い。顧客が最終的にしたいことを実現するべく、製品を製造している企業が仕様を明確にするべきだ。顧客の要望はあくまでも顕在化された要望であり、潜在的な要望を叶えるようなモジュールを準備しておく。潜在的に要望されている「機能」を明確にし、その機能を実現可能なモジュールを選択するという考え方が必要である。

3. モジュールのコア技術

1) コア技術が分からない!?

　モジュールの設定にはコア技術の明確化が必要になる。日本が強かった時代の擦り合わせ設計と組み合わせ設計を融合させ、常にコア技術を活用し続ける必要がある。そのコア技術が企業の中に蓄積されず、技術流出が発生している。

(1) コア技術の流出があった割合：35.8%

(2) 流出した技術内容：重要技術が72.4%流出

(3) 流出ルート：技術者の退職、リバースエンジニアリングが多い

2) 知らない間に使用しているコア技術とは？

　過去の製品は、形状や構造を作り込んでおり、意味や意図があるが、その内容を理解せずに使用している場合が多い。流用元やモジュールでも全ての寸法、公差の内容を理解し、活用することが問題の未然防止に繋がる。

3) コア技術を知らないために起きる問題とは？

　流用部分や設定されたモジュールを活用する場合、設計の最初に変化点を管理する。変化点を明確にした上で、流用部分やモジュールが使用できるか見極める。

第 2 章

あるべき開発
プロセスから逆算する

1 設計開発プロセスの あるべき姿

　まずは**会話2-1**の通り、設計開発とは何か？　ということから解説していく。製造業にとっての設計開発部門（技術部門と呼ぶ企業も多い）にはどのような役割と責任があり、他の部門とどのような関わりを持っているのか解説した上で、いかにモジュラー設計の概念が必要かを考えていく。

　開発設計の役割を**図表2-1**に示したので、よく見てほしい。設計開発部門の最終アウトプットは確かに図面だが、図面はあくまでもアウトプットの1つにすぎない。さらに図面の役割を考えると、「製造者に設計者の意図を明確に伝える伝達手段の1つ」なのだ。伝達する手段の1つであるということは、本来図面にこだわる必要はない。箇条書きの手紙でもいいのだ。しかし、図面は製図とい

会話2-1

設計者
設計や開発の概念って、図面を書くことが設計者の仕事に決まっているじゃないですか。3Dモデル、組立図、部品図、加工図、仕様書、これらの資料を作るのが我々の仕事でしょう

モジュラーマン
これだから、君は分かっとらん！
いいか、設計者の仕事は図面を書くことじゃない！　機能・方式・仕様を創造することじゃ。そのためには他の部門と連携よく仕事をしなければならないのじゃ！

う、関係者が共通認識を持っている決められたルールで書かれたドキュメントであることから、設計者の意図を伝えやすい。そのために全員が図面という伝達手段を使用しているのである。

では図面はどのようにしてでき上がっていくのだろうか。設計開発部門の役割としては、下記の4つの部門と関わりを持っていることになる。

①営業・製品企画部門

営業・製品企画部門から顧客の情報、要求内容、要求価格、要求納期の情報が設計開発部門に伝達される。特に要求内容については、営業・製品企画部門だけではなく、設計開発部門が顧客と直接ヒアリングを重ねるなどして、さらに細かい情報収集を図っていく。この情報を元に、設計開発部門は製品の仕様を決定していく。

②品質管理・品質保証部門

品質管理・品質保証部門からは市場から要求される品質情報が伝達される。一顧客のみではなく、市場全体からその製品に要求されるであろう品質情報を整理し、設計開発部門に伝達する。この情報を元に設計開発部門は、製品に要求される目標品質を決定していく。

③購買・資材調達部門

購買・資材調達部門からは、協力会社からの生産ニーズの情報が伝達される。生産ニーズの情報から購入する部品や製作依頼するアセンブリなどの数、時期、内容などが設計開発部門で検討され、購買・資材調達部門に共有される。

④製造部門

製造部門からは生産ニーズの情報が伝達される。どの工場で生産をするのか、どのようなラインを使用するのか、などが伝達される。この内容から、設計開発部門は生産のことを意識した設計内容を検討していく。

①～④の情報を整理すると、下記のようになる。

機能設計：①、②【製品の機能を実現する手段を設計】
生産設計：③、④【製品の生産方法を設計】

設計開発部門では、この機能設計と生産設計を実施し、最終的に図面を仕上げ

ていく。機能設計と生産設計を実施するための具体的なプロセスは、下記のように
になる。

　この機能・方式・仕様を決めていくのが設計開発部門の役割だ。他の部門から
様々な情報を収集しながら、製品を創造する。この業務が設計開発部門の役割で
あって、図面を作成するのが役割ではない。また、情報を収集しなければならな
いため、各部門に対するマネジメント能力も必要となる。

設計の役割
顧客の要求する最高の機能・方式・仕様を最低のコストで製作可能にする。
設計者に必要なスタンス
　・設計思想を持つ
　・設計は事務局

　ここで、本題のモジュラー設計を解説していく。設計開発部門にとって、機
能・方式・仕様を決めていこうとすると最も重要なのが、顧客からの情報だ。そ
の情報は営業部門や製品企画部門から得ていく。その情報を元に検討していく
が、顧客によって、言われることは様々なハズだ。その様々な要求を全て聞いた
上で製品として形にしようものなら、その顧客専用の製品となってしまうだろう。
　もちろん、専用製品を創造した結果、顧客の満足度は非常に高いものになるだ
ろう。しかし、コスト、リードタイムは通常の製品よりもかかってしまう。特に
競合が多い業界であれば、上記のような方法では、太刀打ちできないだろう。中
国や韓国、新興国などの企業に負けてしまう。
　それでは何をすればいいのか、競合に勝つ手段が「モジュラー設計」だ。前
もって設定されている機能・方式・仕様を提案するとともに、顧客の要望と合わ
ない部分は、特注仕様として検討する。だが、全て特注仕様になっては、今まで
と同じになってしまうため、お客様の要望が多岐にわたる部分は前もって特注領
域として設定しておくなどの工夫も必要となる。また、あらかじめ設定されてい

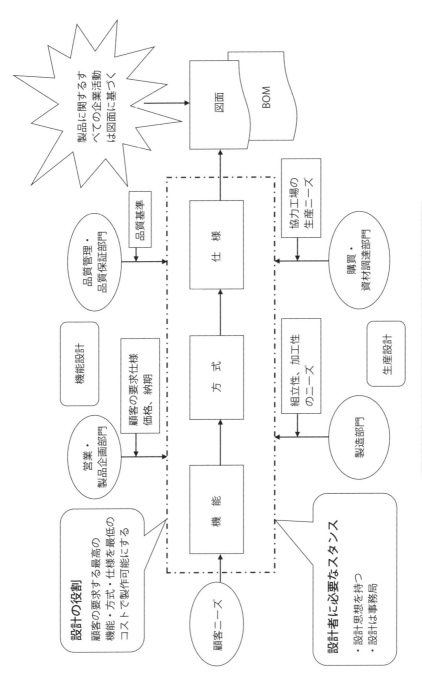

設計の役割
顧客の要求する最高の機能・方式・仕様を最低のコストで製作可能にする

設計者に必要なスタンス
・設計思想を持つ
・設計は事務局

製品に関するすべての企業活動は図面に基づく

図面 / BOM

品質管理・品質保証部門 → 品質基準

機能設計

営業・製品企画部門 → 顧客の要求仕様 価格、納期

顧客ニーズ → 機 能 → 方 式 → 仕 様

製造部門 → 組立性、加工性のニーズ

購買・資材調達部門 → 協力工場の生産ニーズ

生産設計

図表 2-1　設計部門の役割と他の部門との関係性

るモジュールを活用していくことにより、1から作り上げていく製品よりも品質状態が高まる。人間はミスをする生き物であるが、できるだけ設計せずに顧客の要望を実現していくことができれば、製品の全てのQCDが高まっていき、企業の競争力が高くなる。

では、本来の設計開発プロセスでモジュラー設計を実現するためにはどのような手順を取るべきなのか、**図表2-2**のように、構想（基本）設計、詳細設計、量産設計、市場の観点から考えてみよう。

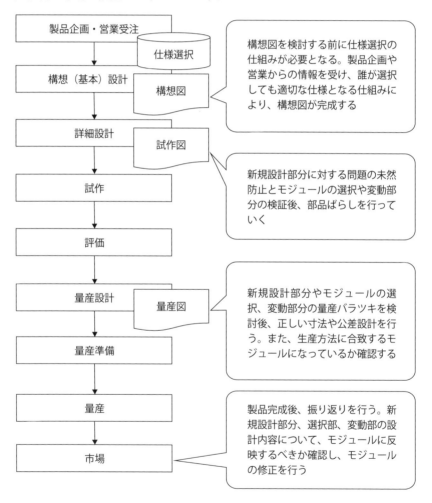

製品企画・営業受注

仕様選択

構想（基本）設計

構想図

詳細設計

試作図

試作

評価

量産設計

量産図

量産準備

量産

市場

構想図を検討する前に仕様選択の仕組みが必要となる。製品企画や営業からの情報を受け、誰が選択しても適切な仕様となる仕組みにより、構想図が完成する

新規設計部分に対する問題の未然防止とモジュールの選択や変動部分の検証後、部品ばらしを行っていく

新規設計部分やモジュールの選択、変動部分の量産バラツキを検討後、正しい寸法や公差設計を行う。また、生産方法に合致するモジュールになっているか確認する

製品完成後、振り返りを行う。新規設計部分、選択部、変動部の設計内容について、モジュールに反映するべきか確認し、モジュールの修正を行う

図表2-2　モジュールを活用した設計プロセス

1）構想（基本）設計段階

　構想設計段階では、まず顧客要求仕様から設計を検討するための詳細仕様に展開する必要がある。その際に重要になるのが、モジュラー設計により構築した「仕様選択の仕組み」である。仕様選択の仕組みというのは、顧客要求仕様から、どのような構造にするべきかを検討しながら、あらかじめモジュール化により設定されている仕様を選択していく仕組みのことである。この仕組みがないと、せっかくモジュラー設計によって構築されたモジュールが使用されなかったり、間違った使用方法になってしまったりする可能性がある。その仕様選択の仕組みにより、選択基準を確認しながら、仕様を選択していく。その結果、各ユニットのモジュールの選択が完了し、モジュールを流用する部分と新規設計部分が明確になる。

　これで構想設計は完了だと思いがちだが、**会話2-2**のように、まだやることは多く残されている。フロントローディング（後述にて説明する）を実現し、問題の未然防止を図らなければならない。そのために変化点管理を実施し、変化点に対して、どのような問題が起きる可能性があるかを検討し、あらかじめ対策内容を検討しておく。その後、新規設計部分のユニット単位の構想図面を作成し、

会話2-2

設計者
よし! モジュールの選択も完了したし、新規設計部分の図面作成に取り掛かろう!

モジュラーマン
だめだ! 図面を描くのはもっと後だ。まずは変化点に対しての問題と対策を検討してからだ

詳細設計にインプットする。この構想図面に対して先ほど検討した対策内容を織り込むことにより、設計品質が向上する。

2）詳細設計段階

　構想設計でインプットされた新規設計部分に対しての部品展開を実施しなければならない。モジュラー設計の仕組みだけではない。**会話2-3**のように、選択したモジュールで寸法を変更する部分（変動部と呼ばれるアセンブリや部品）があるため、決められたルール内（変動部は、自由に寸法を変更してもよいわけではなく、あらかじめ設定した上下限値内に収まる寸法を設定しなければならない）で寸法を設定する。その時に、寸法を設定した結果、他のモジュールに対する影響がないか確認しなければならない。また、新規設計部分にも影響が少なからず発生するため、その部分の確認も必要だ。変動部の詳細内容は後ほど解説するため、ここでは概要のみ理解していてほしい。

　自動車メーカーでのモジュール化でも変動部分は存在している。例えば、プラットフォームと呼ばれるシャシーをモジュール化する場合を考える。シャシーは、1つのシャシーを様々な車種に展開、流用することが多い（1車種専用のシャ

会話2-3

設計者
今回の変動部分の寸法は……。
自由に寸法が設定できるから制約条件が少なくて、設計しやすい

モジュラーマン
変動部分の禁止事項ルールは確認したか？ 依存関係や寸法の設定の上下限値があるだろう。そこをきっちり確認しなさい！

シーにしてしまうと、原価が高く市場価格と合致しなくなってしまう)。しかし、同じシャシーを使う車種の車両幅、長さが同じとは限らないし、まったく同じ幅と長さの車両はほとんどない。そこで使用されるのがまさに変動部だ。車種の違いはあれど、同じシャシーを使用するために長さをある程度可変にすることができる状態にしてある。

3) 量産設計段階

　量産設計段階では、詳細設計でインプットされた機能・性能を満足された図面や構造に対して、モノ造りが可能か検証していくことになる。特にモジュール化されている部分については、過去と同じ寸法や構造であることから問題はないが、**会話2-4**のように、新規設計部分と、選択部分でも今まで選択の実績がない内容、そして変動部分について検証する必要がある。上記の3つを新たな変化点と捉えた時にモノ造り上、課題になるような点はないか、量産設計の最初に行う必要がある。その課題の対策を織り込みながら、量産試作を行い、最終の公差・バラツキを確認し、修正を行い、最終図面をアウトプットする。

会話2-4

設計者
新規設計部分の検討に注力しよう! ばらつきは他の部品を参考にしながら検討してっと

モジュラーマン
それだけではだめだ! 見落としがちなのが、変動部分で寸法を変更した部分だ。寸法を変更したのであれば、他の部品との取り合いや公差などを再度検証した方がよい

4）市場段階

　無事、製品を市場に送り出すことができた段階で、設計開発の振り返り会を行う。**会話2-5**のように、すぐに他の製品の設計開発に着手しがちだが、振り返りはモジュラー設計の仕組みの中で最も重要な部分である（第5章2項「モジュール運用プロセス」で詳細内容を記載する）。

　今回の開発設計で選択した内容、変動部分で設定した寸法、新規設計部分の内容をモジュールにアップデートしなければならない。アップデートすることでモジュールが陳腐化せずに、常に最新の製品内容で設計開発を進めることが可能となる。また、この振り返りのタイミングで、市場不具合の対応策も一緒にアップデートすることが望ましい。市場不具合も同様に対応が完了すれば、他の製品は大丈夫か、標準機やモジュールは大丈夫かと心配する必要がなくなる。市場不具合が発生するたびにアップデートする仕組みが最も早く、あるべき姿だが、そのような時間を確保できる設計開発部門も少ないだろう。そのため、現状ある仕組みに抱き合わせる形でアップデートするのが最善の策だと考える。

　アップデートで特に重要なのが、選択した内容と変動部分である（新規設計部

会話2-5

設計者
ようやく出荷が完了した!
では次の開発に移ろう……

モジュラーマン
ばかもの! モジュラー設計で最も重要な検討が抜けておる。今回設計した部分をモジュールに反映しなければならないのだ

分を新たにモジュールに組み込むことは当然のように実施する企業が多い）。今回の製品で選択した内容に対しての考え方や基準を明確にする必要がある。ただし、過去に選択したことのある内容の場合は見直す必要はない。また、変動部分については、その寸法を設定した考え方を確認する必要がある。その時に一緒に検討してほしいのが、変動部分から選択部分への格上げである。このようにモジュールを構成している内容を再度見直しながら、より使いやすい状態に改善していくことが最も重要な仕組みと言えるだろう。

2 問題を先送りにする プロセスとは

1）問題を先送りするプロセス

　フロントローディングは、新しく設計開発プロセスを構築する時によく言われる言葉だ。読者も聞いたことがあるだろう。私も前職で、フロントローディングにするために様々な仕組みを検討したことがある。では、フロントローディングを実現しなかったら、どのような結果を招くのだろうか。

> 工程の後ろ側で負荷がかかり、製品のQCDが達成できなくなる。

　製造業における工程の後ろ側とは、モノ造り段階である。前工程である製品企画や営業受注、設計開発段階での遅れや問題への対応などのしわ寄せが全て、モノ造り段階にくるといっていいだろう。その結果、納期に間に合ったとしても、お客様に満足してもらえる品質や性能の製品ができていない、もしくは間に合うように特急でモノ造りするため原価が上がる、最後には納期に間に合わないなど、QCDに多大なる影響を与えてしまう。それが問題を先送りする設計開発プロセスだ。読者も経験があるだろう。モノ造り段階で不具合が発生し、各工場からの問い合わせ、図面修正、再試作、再度検討するなど、モノ造り段階で忙しく

なっていることがまさに問題を先送りした結果だ。そのプロセスを模式図で表したのが、**図表2-3、2-4**なので確認してほしい。

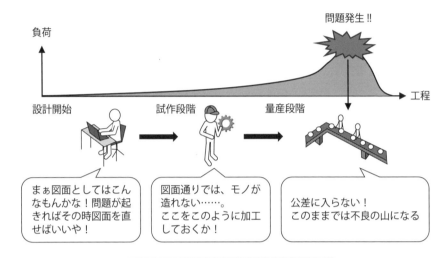

図表2-3　問題の先送り設計プロセス

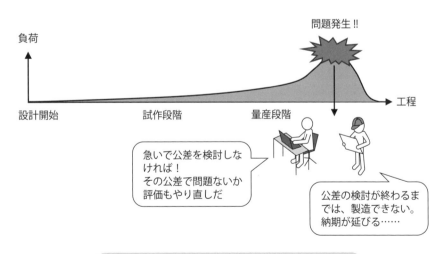

図表2-4　問題の先送りにより発生する不具合

2) 問題の先送りが生む設計の負のスパイラル

先ほど説明したように問題を先送りにすると、モノ造り段階で設計開発部門に大きな負荷がかかってしまう。納期に間に合わせるために多くの設計者を投入し、何とか間に合わせようとするだろう。その結果が、第1章でも説明した「設計の負のスパイラル」を生む。負荷が高い状態での業務は必ずミスが発生する。ミスが発生することにより、お客様に要求されている品質や性能が確保できなくなる。市場の段階でもクレームや不具合が多発してしまい、その対応にまた追われることになる。

本来のプロセスで言えば、モノ造り段階に入る＝製造移管が完了しており、設計開発部門は設計開発の後処理（開発の振り返り会や取扱説明書の作成など）のみとなる。後処理と並行して、次の製品開発に移行していかなければならない。しかし、クレームや不具合の対応に追われているため、次の製品開発に移行することができず、着手が遅れる。またリードタイムがないために、問題を先送りするプロセスの設計開発スタイルとなってしまう。この設計の負のスパイラルを繰り返している企業はやがて利益が圧迫されると同時に、顧客の信頼を失い、次第に売上が低下していき、企業としては**会話2-6**のような悲しい結果にならざるを得ない。

会話2-6

> 設計者
> また、クレームだ……。ここ数週間は
> クレームの対応しかしていない気がす
> る……

3 フロントローディングと コンカレントエンジニアリング

　では、製造業に求められる本来のフロントローディングのプロセスを解説する。**会話2-7**のように、このフロントローディング型のプロセスを実現するために、モジュール化やコア技術の蓄積があるといってもよいだろう。

会話2-7

設計者
モジュラー設計の仕組みを構築し、
リードタイムを短縮させよう!

モジュラーマン
モジュラー設計の仕組みはリードタイムの短縮だけではない! お客様の要求品質を確実に守りながらも、コストを下げる検討ができるようになるのが、本来のモジュラー設計だ!

1) フロントローディング

　フロントローディングの定義は、様々な文章に記載されているが、本来の考え方は、下記の通りとなる。

> フロントローディング：工程の前側で負荷をかけること

　では、「工程の前側で負荷をかける」とはどのようなことを意味しているのだ

ろうか。まず先に言葉の違いから見ていこう。

問題を先送りにするプロセス：工程の後ろ側で負荷がかかること
フロントローディング：工程の前側で負荷をかけること

　この意味の違いが分かるだろうか。問題を先送りにするプロセスの場合に「負荷がかかる」という事は、受動的に負荷がかかってしまうということだ。これは製品設計に関わるマネジメントや問題の未然防止を考えることができていないために、設計者の意図しない問題が後工程で発生することを意味している。

　では、「フロントローディングは？」というと、「負荷をかける」となっている。これは能動的に製品設計の前側の工程で負荷をかけるということである。後工程で発生する可能性のある問題を前工程で対策しておくこと、これが負荷をかけるということである。この考え方が非常に重要であり、モジュラー設計という手段を実現するとフロントローディングという目的を達成することが可能となるのだ。

　それでは、フロントローディングも模式図（**図表2-5**）で解説していこう。

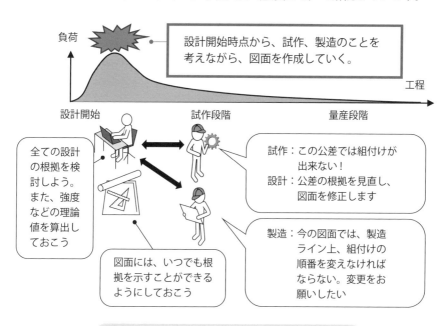

図表2-5　フロントローディング設計プロセス

各ユニットに使用するモジュールを設定したら、そのモジュール間のインターフェースや新規設計部分についての根拠、問題の未然防止を設計開始の時点で検討する。この検討が後になればなるほど、フロントローディングの効果はなくなっていく。また、機能についての設計内容だけではなく、モノ造り段階のことも検討した上で設計内容を決定していくのが重要な考え方になる。

　では、フロントローディングを実現するとどのような結果になるだろうか。

　図表2-6のように、モノ造り段階での問題が減少し、仮に問題が発生したとしても、設計部門が対応しなくとも製造部門のみで対処可能となる（構造的な問題が起こることがなくなるため）。このように、製造部門へ完全移管することで、設計部門の負荷が少なくなり、次の開発に移行することが可能となる。次の開発も工程の初期から負荷をかけることができるようになり、フロントローディング型のプロセスが実現する。まさに正循環である。

　フロントローディングの定義を確認しておこう。

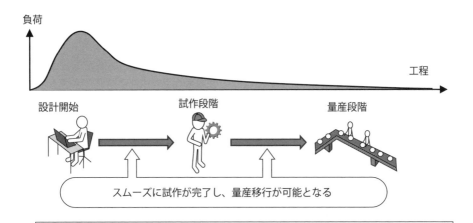

負荷

工程

設計開始　　　　　　試作段階　　　　　　量産段階

スムーズに試作が完了し、量産移行が可能となる

設計の前準備として、過去の問題点や新しい設計に対しての仮想の問題点などをあらかじめ対策しておくことが重要となる。
⇒その対策を行うことにより、試作、量産段階でも問題が減少し、スムーズに開発が流れていく。
　また、設計の手戻りが少なくなり、開発のリードタイム短縮にも繋がる。

図表2-6　フロントローディングの結果

> 製品開発のプロセスで<u>業務の初期工程に負荷</u>をかけ、作業を前倒しで進める
> 手法のことであり、できるだけ<u>早い段階で多くの問題点やリスクを洗い出
> し</u>、対策し、初期段階から「設計品質」を高めること

　この文章はフロントローディングの定義として、よく言われていることである。この文章を読んで、読者の皆さんは、何か気付かないだろうか。私が今まで説明してきたこととは、異なる部分がある。それは「作業を前倒しで進める」という言葉である。フロントローディングを日本語に直訳すると、「作業前倒し」である。しかし、この直訳は間違いだ。

　設計でいう作業というのは、例えば製図、図面を描くことである。図面を描くことを前倒しするとフロントローディングが実現するのか？ と考えるとそれは違う。むしろ、設計の初期段階で図面作成から入ってしまうと、問題を先送りする開発スタイルになってしまう。設計の構想を何もせずに図面を描きながら考えることにより、CAD上での図面の書き直しが多くなるだろう。設計だけの工程を見ても、問題を先送りしている。さらにCAD上だけの検討により、問題の未然防止ができておらず、抜け漏れが多く発生し、モノ造り段階で問題が起きてしまうだろう。フロントローディングの意義は、「作業前倒し」ではなく、「問題の未然防止」だ。上記のようなフロントローディングの説明が社内でなされているのであれば、ぜひ修正してほしい。

2) フロントローディングの効果

　では、次にフロントローディングと問題を先送りするプロセスの負荷のかかり方を比べてみよう。

　フロントローディングと問題を先送りするプロセスでの図形の総面積≒設計者の負荷や工数の総数を比較すると、

> フロントローディング開発＜＜問題を先送りする開発

となる。詳しく解説すると、**図表2-7**のように、フロントローディング開発の

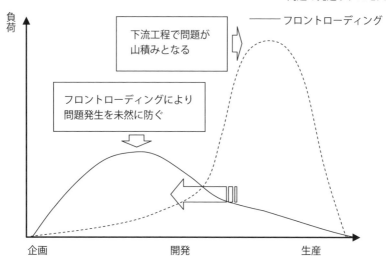

図表2-7　フロントローディングと問題の先送りプロセス

方が初期工程に負荷（問題を未然に対策する）をかけることにより、モノ造り段階で発生する問題が減少し、工数（≒負荷（縦軸））が少なくなる。結果、少人数での開発が可能となるうえ、同じ人数で開発した場合には開発リードタイム短縮までも可能となる。

　フロントローディング実現により、QCDの全てが向上する。一般的に言われているのはリードタイム短縮だが、効果として考えられるのは、実は品質の意味合いの方が大きいだろう。

①Q（品質）

　問題の未然防止により、後工程で発生する問題が大幅に減少する。その結果、手戻りや問題に時間を費やさないため、本来の設計に時間を費やすことが可能となる。また、時間的余裕により、流用やモジュールへの集約を意識した設計内容（シンプル設計）が実現し、次の開発でもフロントローディングが実現し、好循環のプロセスとなる。

②Ｃ（コスト）

　コスト面についてもメリットが大きい。手戻りが少なくなることにより、設計工数が減少し、開発費が低減する。また、時間的余裕により、価格査定を購買部門と吟味することができ、適正価格での購入が可能となる。戦略的なVE活動が実現する。

③Ｄ（納期）

　納期については説明しなくてもわかるだろう。手戻りが少なく、予定した計画で製品設計、製造を可能とする。

　一方、問題を先送りするプロセスでは、設計の初期段階にかける工数は少ないが、モノ造り段階で発生する問題を解決するのに忙しい状態になる。工数の観点で考えると、設計のやり直しや問題に対する対処により、フロントローディングよりも確実に工数が増加する。リードタイムの短縮などは夢のまた夢だ。

3）コンカレントエンジニアリング

（1）コンカレントエンジニアリングの定義

　フロントローディングを実現させるためには様々な仕掛けや仕組みが必要となる。フロントローディングはあくまでも「現象」であるため、何か具体的な行動に移さなければならない。その中でも重要な仕掛けがコンカレントエンジニアリングである。

　では、コンカレントエンジニアリングの定義を確認しておこう。

コンカレントエンジニアリング

　設計から製造にあたる様々な業務を関連部署が同時並行的に進め、量産までの開発プロセスをできるだけ短縮化する開発手法。

　製造業において、コンカレントエンジニアリングは昔から取り組まれてきたことだ。設計が図面を描きながら、その最中に製造部門からの要求を反映していく。製造部門が強い日本ならではの手法であると言ってもよい。

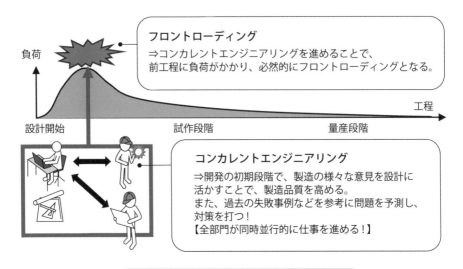

図表2-8　コンカレントエンジニアリング

　コンカレントエンジニアリングを成功させるためには、**図表2-8**のように、他の部門を巻き込み、会社全体の仕組みとして構築することが重要である。

(2)　コンカレントエンジニアリングの特徴と効果

　設計段階において、生産、購買、品質管理などの各部門全員が参画し、早期に製品の完成度を高める活動。この仕組みをさらに活用しやすくかつ訴求させるためには、3DCADの仕組みも必要となる。

　⇒2次元CAD（図面）の場合、企画に始まり、基本設計、詳細設計、解析、試作というステップを段階的に処理する手法に比べ、3次元CADを中核ツールとしてコンカレント活動することで、設計変更、設計ミスを大幅に削減し、QCD（品質向上、コスト低減、納期短縮）を同時に達成させることが可能となる。

> 3次元CADを有効活用することにより、さらにコンカレントエンジニアリングが実施しやすくなる!!!

　コンカレントエンジニアリングによる効果も確認していこう。

①設計変更の最小化

　開発ステージにおいて、できる限りの設計変更と改良を行い、量産試作や量産段階での変更を最小化する。

②戦略的な原価低減活動の実現

　すべての関係者に目標を振り分け、各部門が原価低減を提案できる体制をつくることを可能とする。

③外注仕入先との協力関係、互恵関係の樹立

　外注仕入先の参画により、相互の品質問題の抑制とロスの削減をもたらす。

④開発費の低減と、開発〜量産導入までのリードタイム短縮

　従来まで試作評価に頼ってきた開発体系を抜本的に変更し、試作レスに挑戦することが可能となる。

　⇒大幅な開発費用とリードタイムが削減されると共に、変化する市場ニーズに素早く対応できる。

　どの結果を見ても、現在の製造業にとっては必要な効果である。また、本書の目的でもあるモジュラー設計に当てはめて考えてみても、モジュラー設計が実現している製品にコンカレントエンジニアリングの仕組みを導入すると、さらなるリードタイムの短縮や品質の確保が可能となる。

4) フロントローディングに必要なツール

　フロントローディングというのは、あくまでも現象である。何かの仕掛けを実施した結果、フロントローディングとなるのだ。ということは、**会話2-8**のように、フロントローディングを実現するために必要な仕掛けや仕組みが存在する。そのツールを紹介していこう。

(1) 設計仕様書

　設計仕様書は、設計を始める前に設計内容の方針、全貌を明確にするために必要となる資料である。設計方針、その開発設計に使用する技術などを設計する前に決定する。複数の設計者で1つの製品を設計する場合には、必ず作成しなけれ

設計者
よし！ 今回の開発はフロントローディングになるよう問題の未然防止を考えよう

モジュラーマン
問題の未然防止? では君は具体的に何をするのかね?

設計者
えっと、仕様書を確認して、問題点を挙げてみようと思います

モジュラーマン
ばかもの! やみくもに問題を挙げようと思っても、抜け漏れが発生する。抜け漏れがないようにツールを使いながら、問題を列挙せよ!

ばならない。理由は、設計者全員の設計に対するベクトルを合わせなければならないからだ。合わせなければ、設計者ごとに考え方が異なり、ユニットを合わせた時に機能実現が難しくなるし、各ユニットのインターフェースも合わなくなる。その結果、製造段階で問題が発生する可能性が高い。

　詳細内容はモジュラー設計全体の仕組みを解説している第3章で説明するが、モジュラー設計を運用する時には特に必要となる。モジュラー設計で設定したど

のモジュール群を使用するかを、設計仕様書の段階で明確にしていく。また、使用するコア技術内容も明確にしておく必要がある。

　上記のような内容を含めて、設計仕様書を基本設計段階（もしくは製品企画段階）で作成し、設計担当者に説明することでブレの少ない製品開発が可能となるであろう。

(2) DR（Design Review）／設計審査

　DRは製造業の多くの企業で取り入れられ、実施している品質ツールである。各プロセスのゲートとも言えるであろう。DRの定義は、「設計段階で性能、機能、信頼性、価格、納期などを考慮しながら設計内容について審査し、問題点を挙げ、改善を図るために用いられる手法。審査には営業、企画、設計、購買、製造などの各分野の専門家が参加する」ことである。

　ここで定義を読んで疑問に思った読者は、本当のDRを知らない可能性がある。多くの企業のDRは、設計内容についての問題点抽出の場であり、上記の定義のようにDRの場で「改善を図る」ということはしないのが一般的だ。問題点の抽出のみ行って、改善策については設計者に丸投げしている。これではDRの本来の意味合いからすると片手落ちだ。

　DRは品質ツール＝フロントローディングを実施させるための仕掛けであることから、DR出席メンバーで改善策を検討しなければならない。**会話2-9**のような、ただの設計者のつるし上げの会になってはいけない。もし、そのような考え方のDRがあるとすれば、雰囲気は最悪で、設計者がプロジェクターの近くに立たされ、権限のある管理者から罵倒されるという光景である。はたしてこのような雰囲気のDRを設計者が進んで開催するだろうか。結果は誰にでもわかる「NO」である。DRの本来の目的である「改善を図る」ことを決して忘れてはいけない。

　このように、DRでは思いつきの発言や一方的な解決策を提示してはいけない。これでは設計者は何も言えないし、能力の向上にもつながらない。DRでは設計者のつるし上げではなく、設計者の設計思想を確認した上で、全員でよりよい製品となるように、問題点があれば、改善策まで検討していこう。そうすれば、設計者も、「自分の知らない、不足している知識を補ってもらい、設計品質

会話2-9

設計者
えー、今からA製品の駆動部分の説明を行います。駆動はカムを使用し……

設計部長
待て! 誰がカムで設計しろって言った? この場合は、サーボモーターを使用するに決まっているだろう。なぜそんなことも分からないんだ

設計者
(そんな事言われても前のモデルはカムだったし……)
分かりました。サーボモーターで設計し直します

を向上させよう」と感じ、進んでDRを開催するようになるだろう。

(3) FMEA（Failure Mode and Effect Analysis）/故障モード影響解析

　FMEAは非常に古くからある品質ツールで、活用している企業は多いのではないか。DRの次に活用されているように感じる。しかし、近年、FMEAを実施しない企業や、実施したとしても、設計者のやっつけ仕事になってしまっている状況をよく目にする。多くの設計者のやり方は、過去のFMEAを探し、同じ部品やアセンブリの故障モードをコピーして貼り付けし、完成! となってしまっている。それでは過去に予測した内容と同じ部分のリスクしか見つけられない。気を付けるべきは使用される環境が変わるような場合に、他に故障モードがないか検討しなければならないことである。FMEAの使い方については、第5章5項

で解説する。また、FMEAとFTAの関係については次のFTAにて解説する。

(4) FTA（Fault Tree Analysis）／問題分析手法

　トップ事業からその原因を下位レベルに展開して、トップ事業とその原因の関係を定性的、定量的に把握する目的で用いられる手法のことである。実はFMEAと深い相互補完関係にあるツールである。

　FTAをトップダウン方式と呼ぶことが多いが、その反対にFMEAはボトムアップ方式と呼ばれる。FTAは製品の故障の影響を知っており、改装の情報を得られる場合に使用する。ということは想定外の故障モードについては検討しないのだ。そこで使用されるのが、FMEAである。想定外の故障を発見することが可能となる。また、製品の用途や使用方法の情報が明確になっている場合に使用される。このようにFMEAとFTAの両方ともを使用することにより、故障モードを予測することが可能となる。また、FTAを実施せずとも過去トラブルチェックシートなどで代用している企業も多くある。

(5) DRBFM（Design Review Based on Failure Mode）／トラブル未然防止活動

　DRBFMは、設計の変更点や条件・環境の変化点に着眼した心配事項の事前検討を設計者が行い、さらにDRを通して、設計者が気付いていない心配事項を洗い出す手法のことである。この結果得られる改善などを設計・評価・製造部門へ反映することにより、問題の未然防止を図る。

　DRBFMは上記の内容で解説されていることが多いが、DRBFMの誕生の経緯を含めて考えると、FMEAでは今の時代に合わない品質ツールになってきている。そのため、今の時代の設計のやり方に合わせたFMEAを作ろうということで誕生したと考えられる。

　今の時代の設計方法は流用設計が基本であるため、流用元から変更した部分についての故障モードを抽出する、もしくは設計内容が流用元と同じであっても、使われ方が変わる、使用環境が変わるなどの部分について故障モードを抽出する。このように品質ツールも同じ使い方ではなく、使う時代によって、内容を変更していかなければならない。詳細内容については第5章で解説する。

(6) QFD（Quality Function Deployment）/ 品質機能展開

　QFDは顧客が満足を得られる設計品質を設定し、その設計意図を製造工程まで展開するために用いられる手法である。

　使用方法は、縦軸に顧客ニーズから展開された技術的手段を記載し、横軸に品質特性項目（耐久性など）を記載する。顧客ニーズから展開された技術的手段と関連の深い品質特性項目にチェックを付け、縦軸でチェックの合計点数を計算する。点数の高い品質特性項目が、顧客ニーズと関連が深いということになる。よって、その品質特性項目を競合他社と比べながら、目標となる品質の指標を設定していく。

　QFDは目標品質や性能を決めるときに使用するツールである。目標の決め方があいまいであればあるほど、基本設計段階での手戻りが多くなるため、設計開始時点で目標数値を明確な根拠（顧客ニーズ）を元に決定する。

(7) CAE（Computer Aided Engineering）/ コンピューターシミュレーション

　CAEは説明しなくとも実践している企業が多いが、定義のみ解説する。高度な科学的技術計算を用いて、様々な製品モデルなどのシミュレーションや解析を行うために用いられる手法を指す。CADで設計されたモデルの機能・性能を様々な角度からシミュレーションし、さらにその結果を目に視える形に変換するツールである。

(8) 検図

　検図は図面が描かれ始めた時代から存在する。しかし、検図の目的を改めて考えることはないだろう。検図を行う目的は、「要求性能、品質、コスト、納期を満たすことができているか」を検証するためである。多くの企業で実施されている検図は、「図面の描き方（＝製図の方法）」の問題点のみを見出していることが多い。しかし、それでは検図とは言えない。検図はDRと並んで、各設計プロセスでゲートとなる品質ツールであり、DRでは検証しきれない図面の詳細部分のQCDを担保できているか確認する必要がある。DRで検証するべきは設計内容についてのストーリー、評価に対しての諸条件とその結果、最終的な製品でできば

えの予測などであり、DRで全ての図面を検証することは不可能である。

　検図では、図面がDRで検証された結果や設計基準に基づき構成されている
か、はめあい公差などの視点により、詳細部分の組立が可能かなどを検証しなけ
ればならない。もう一度言うが、「図面の描き方」に対しての問題点のみを抽出
してはいけない。第一優先で確認すべき内容は、その図面で目標とするQCDが
達成可能かどうかである。

(9) モジュラー設計

　本書の目的でもあるモジュラー設計も、フロントローディングを実現するため
の品質ツールの1つである。モジュラー設計は、製品を構成する部品を機能単位
にまとめ、これを組み合わせることによって、顧客ニーズに対応しようとする仕
組みである。日本が古来より強みにしてきた擦り合わせ設計から脱却し、顧客
ニーズに合わせて高い品質、低い原価、短いリードタイムでの設計を実現可能に
する。

　最後に**図表2-9**の通り、品質ツールをまとめてみよう。

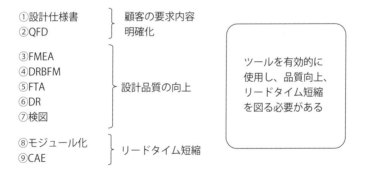

図表2-9　品質ツールの全体像

　いかがだろうか。品質ツールを9つ紹介したが、どのツールも昔からあるツー
ルや仕組みであり、今の時代もこれらのツールや仕組みをうまく組み合わせ、活
用しながら、フロントローディングの実現を可能にしなければならない。

5) モジュラー設計によりフロントローディングは完成する

(1) モジュラー設計を活用したフロントローディングプロセス

まずはモジュラー設計とモジュール化の言葉の定義から解説する。

> モジュラー設計：モジュール化した様々なユニットを活用した設計全体の仕組みのこと
>
> モジュール：各ユニットやアセンブリを機能単位でまとめた仕様や図面のこと

要は、モジュラー設計を実現するためにモジュールを設定し、**図表2-10**のような擦り合わせ設計から脱却する必要がある。モジュラー設計の考え方は、**図表2-11**のように複数のモジュールを組み合わせることにより、製品を構築すると

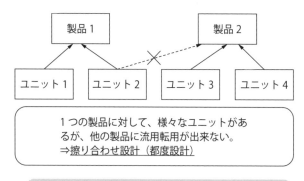

図表2-10　従来の擦り合わせ設計（都度設計）

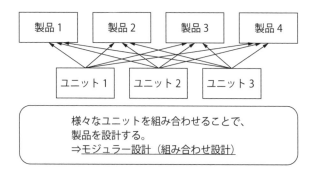

図表2-11　モジュラー設計（組み合わせ設計）

いう考え方である。

　現状（従来）の擦り合わせ設計方法は、最初に製品全体をイメージしながら、各ユニットやアセンブリを準備していく、トップダウン型の設計手法であった。それに比べて、モジュラー設計では、ボトムアップ型の考え方で、あらかじめ様々なユニットやアセンブリ＝モジュールを準備しておき、顧客要求に合うようにモジュールを選択していく。その結果、顧客要求に合致する製品を生み出すことができるという考え方だ。

　擦り合わせ設計では実現できなかった、製品間のユニットやアセンブリの共用も可能となる上、市場で問題が発生した場合に、1つのモジュールを修正すれば、他の製品にも展開が可能になる。擦り合わせ設計方法では、市場不具合が発生した部品を採用している製品を探したうえで、対策品を採用可能か製品ごとに確認する必要があり、対応が完了するまでに多くの時間がかかる（もちろん、モジュラー設計の製品でも対策品が問題なく使用可能か確認する必要はあると思うが、確認の工数は擦り合わせ設計時よりも少なく済むであろう）。このように従来の擦り合わせ設計から脱却し、組み合わせ設計＝モジュラー設計に転換し、製品展開のスピードアップを図らなければならない。

　では、モジュラー設計を実現したとして、どのようなプロセスになるだろう

会話2-10

設計者
モジュールって、設計段階で使用するだけではないんですか?

モジュラーマン
もちろん、設計段階で使用するモジュールは最も重要だが、モジュールを活用するために前工程で活用プロセスを検討することが重要なのだ

か。**会話2-10**のように、単純に設計段階でモジュールを使用し、組み合わせ設計をするということもモジュラー設計の一部の仕組みだが、それだけの仕組みではモジュールを活用することができない。特に受注生産で顧客ごとに様々な仕様が存在するような製品では、活用が難しくなる。フロントローディングの考え方を用いて、プロセス全体でモジュールを活用するための様々な仕掛けが必要である。**図表2-12**にプロセス全体を記載する。

　各プロセスの詳細内容を説明していく。

①構想段階（商品企画段階、受注段階）

　構想段階は、見込生産系の製品を造っている企業であれば商品企画段階であり、受注生産系の製品を造っている企業であれば、受注段階に相当する。これをまとめて構想段階と呼ぶ。

　構想段階で実施しなければならないのは、市場ニーズや顧客ニーズから製品としてどのような機能、方式、仕様にしなければならないのかを選定することである。今までの開発プロセスでは、流用元の選定を行い、そこから新規設計部分がどこなのかを明確にしていた。その上で、新規設計部分での課題内容やネック技術となる内容を抽出しながら、概要の対応策から設定した仕様が実際に設計可能かどうかをDRで検証する。まさに流用設計の最初の重要な内容である。

　しかし、課題でも述べてきたように、流用元の選定や、詳細な仕様設定は設計担当者に任せていることが多く、この段階で潜在的な問題を抱えたまま基本設計に進んでしまう。結果、詳細設計段階で構造的な問題など、大きな問題が発覚し、大きな手戻りとなってしまう。

　そうならないよう、どの設計者が概略構想を検討しても、同じ仕様になるのが理想的な姿だ（もちろん、新規設計部分など創造的な部分については多少の違いは出るものの、流用元の選定や方式、仕様などは設計者が違っても同じでなければならない）。

　この設計者による違いを最小限にする仕組みが、組み合わせ設計であるモジュラー設計だ。ただ単に構造のみをモジュール化しても、理想的なモジュラー設計の仕組みにはならない。この仕様を決定する段階でモジュールを選択できるよう

設計の基本原理とその役割、フロントローディングとコンカレントエンジニアリングを踏まえた上で、設計プロセスのあるべき姿を明確化する。

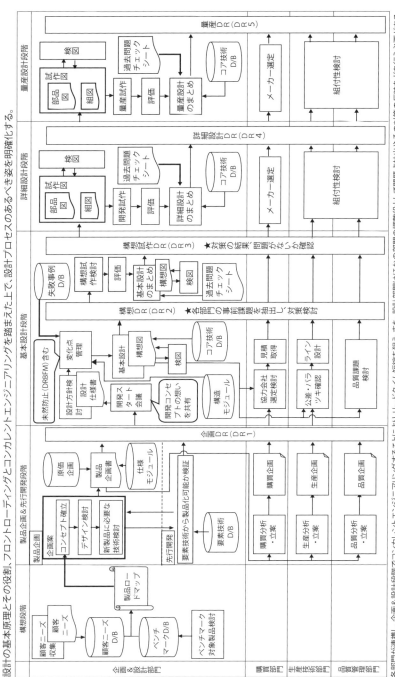

各部門が連携し、企画＆設計段階でコンカレントエンジニアリングすることによりリードタイムを短縮を狙う。また、設計部門はほかの部門の調整検討として問題点抽出やその対策の反映などを行う必要がある。

図表 2-12 設計プロセスのあるべき姿

な状態になければならない。

　さらに、仕様を設計した際に発生するのが、新規設計部分である。この新規設計部分こそ、設計品質に対して十分に気を付けておかなければならないポイントであり、設計起因で発生している問題のうち大部分を占めている領域である。

　モジュールの内容を十分に吟味し、検討しても、新規設計部分が設計担当者のみに任せきりになると、詰めが甘く、不具合が起きることが多い。これではモジュール化し、設計品質を維持向上させようとした意味がなくなってしまう。そのため、モジュラー設計の仕組みにかかせないのが、**図表2-13**の「変化点管理」という仕組みである。

図表2-13　モジュラー設計の構成

　仕様モジュールは、流用元を選択するために、様々な情報を集約しながら、設計者が過去の製品を探して選定していたのを、自動化する仕組みのことだ。

　過去10年の製品を調査した場合、その製品に、どのような仕様が設定されているかを見ながら、仕様の一覧表を作成する。その仕様一覧表の中から各ユニットに対して、どのような仕様のバリエーションが存在するのかを見極めながら、バリエーションを選択する時の「基準」を選定する。この基準の考え方が重要で、まさに自動化の核となる部分である。また、過去に様々な仕様が存在したが、その仕様を1つに集約できる場合、選択の基準を設けなくとも、自動的に選ばれるようにする。

　このように、仕様モジュールでも標準化（仕様の集約）や選択化の仕組みを構築することにより、**会話2-11**のような設計者での違いを最小限に留めることができる。詳細内容については第3章以降で解説する。

②**基本設計段階**

　基本設計段階は見込生産系と受注生産系の企業で実施するべき内容は同じで、構想段階からのインプット情報を元に基本設計を実施する。

設計者
流用元、どれを選択すればいいのか、
いつも迷うんですよね〜

モジュラーマン
迷うということは、似たような仕様の製
品がたくさんある証拠だ。迷う時間や
迷った結果、間違った流用元を選択し
てしまうと製造段階で問題が発生する
可能性が高い

　基本設計段階では、仕様モジュールで選択された内容に対して、構造モジュールの仕組みを用いながら、図面を取り揃えていく必要がある。仕様モジュールはあくまでも仕様を選択するための仕組みであり、図面と直接紐づいているわけではない（もちろん、仕様モジュールと構造モジュールを結合させ、仕様が選択されれば自動的に図面も選択されるのが理想だが、そこまでしようとすると大規模な仕組みやシステムが必要となり、すぐに改善することができなくなる）。選択された仕様、構造モジュールの仕組みからモジュールを選択していく。

　構造モジュールの考え方についても、仕様モジュールと同様で、標準的なユニットを自動的に選定したり、選択可能なモジュールから最適なモジュールを選択したりする。その選択のタイミングで、選択の基準を明確にしておかなければならない。また、全体の長さ寸法を自由に選択可能なモジュールの場合は、決められたルールにのっとって寸法を設定していく。このようにすることで、設計者による図面の違いや構造の違いを最小限に留めることができる。さらには実績があり、過去から使用されているモジュールを選択するため、品質が安定、原価低減も可能となるだろう。

　唯一、設計者の違いが出る部分は新規設計部分だろう。新規設計部分も製品開発が終了したタイミングで構造モジュールへの反映をしなければならないため、

ちょっと雑談

　読者の皆さんは、設計者だと思うが、自分が考えた設計の構造や機構などが採用されることは多いだろうか。その時に、「自分で考えた構造・機構なのだから、自分しか分からないようにしてやろう」「この難しい構造は誰にも分からないだろう」とよく考えてしまわないだろうか。

　私は、自動車メーカーの入社当時の新人の時には、よくそんなことを考えていた。技術者であれば、自分が設計した内容で1番になりたいと思っていた。そのために、複雑な構造で今までよりもすごい性能が出るように、などを考えたものだ。

　しかし、会社から見ればそれは「悪」である、と私は教えられた。どこの会社でもあるだろうが、技術ノウハウが人についていて、会社に蓄積されていない。結果、その社員が定年退職や転職すると、会社に技術が残っておらず、同じ注文が来ても、同じ性能、品質のものが作れなくなってしまう。そのようなことが起こらないように、人に技術・ノウハウがつくのではなく、会社に蓄積されなければならない。

　そのような考えから、私が設計していた時に心がけていたことは、「自分しか分からない設計は、設計者のエゴである。自分しか知らない、できないではなく、誰でも分かりやすい、設計しやすい簡単な構造を創造しよう！」と。

　これができれば、非常に簡単な構造でシンプル設計となり、技術・ノウハウも非常に分かりやすくなるハズだ。その上、不具合は複雑な構造よりも減少するし、簡単に流用できる。

　設計者には、その会社の行く末を担う重要な役割があると考えている。それは、先ほども言ったように、技術・ノウハウを会社に蓄積させること。そのことを肝に銘じながら、設計を進めて行ってほしい。

あらかじめ設計する段階でモジュールへの組み込みを想定して、新規設計部分の構造を検討する必要がある。

③詳細設計＆量産設計

　詳細設計＆量産設計では、既に構造モジュールが選択されているため、新規設計部分との整合性（インターフェースや機能の連動など）を確認しながら、設計を進めていく。試作品を評価して、最終仕上げを行う段階である。注意しなければならないのは、新しい設計部分、まさに変化点が発生している内容に対して、どのような課題があって、どのような対策を行わなければならないのかを検討することだ。品質ツールだと変化点管理＋DRBFMを使用し、後工程（製造工程以降）で発生する問題点を未然に防止しなければならない。

　また、特にソフトウェア関係については注意が必要だ。ハードウェアはモノがあるため、目で確認することができる。しかし、ソフトウェア部分については、目で視ることができないため、ソフトウェアの仕様書、フロー図、状態遷移図と評価の結果の差異を確認しながら確認する必要がある。

④開発終了時の振り返り段階

　無事、開発を終了したら、その開発で新規設計した部分を含めて、振り返りを実施する必要がある。設計者は開発が終了すると、次の案件にすぐに移行しがちだが、保守・運用プロセス（第5章で説明する）を実施する必要があり、それには、開発で苦労した点や新規設計した部分をモジュールの中に入れ込む作業をしていかなければならない。

　わざわざ仕事を増やしてでも保守・運用を実施しなければならない理由は、せっかく設定したモジュールであっても、常に改版していかなければ、時代の流れによって選択される仕様が変わっていくニーズに対応できなくなり、陳腐化し、元の設計方法である流用設計に戻ってしまうからだ。モジュラー設計は、まさにこの部分が最も重要と言っても過言ではない。

　様々な企業のモジュール化導入失敗事例を確認していくと、保守・運用プロセスを構築しておらず、モジュールを作成して、満足して終了している場合が非常に多い。モジュールを設定したら必ず、保守・運用プロセスまで仕組みを構築しなければならない。

以上のように、フロントローディングを実現するために「仕様モジュール」と「構造モジュール」を各設計段階でうまく活用し、手戻りを最小限に留めていかなければならない。**会話2-12**のように、モジュラー設計の仕組みはリードタイムだけではなく、品質、コストにも大きな影響を与えることが可能である。

会話2-12

設計者
モジュラー設計はリードタイムの短縮のためだけだと思ってました……

モジュールマン
そうだ！ みんな勘違いをしておる。リードタイムの短縮は結果であり、設計品質を高め、手戻りを最小限に留めることこそ、モジュラー設計の価値なのだ

（2）モジュール化の全体像

モジュール化では、仕様モジュール、構造モジュールでも共通の考え方が必要となる。それが**図表2-14**の通り、「階層、区分、ルール」の考え方である。その考え方を通して、モジュール化の全体像の仕組みを解説していく（モジュラー

モジュール化全体像

| モジュール化機能階層 | ＋ | モジュール化区分 | ＋ | モジュール化ルール |

図表2-14　モジュール化全体像

設計全体像に含まれるルール（保守・運用）については、第5章で詳細内容を説明する）。

①モジュール化の階層

　モジュール化の階層とは、どの部分の階層をモジュール化するか検討することである。そのためには、モジュール化した製品の構成を明確にしなければならない。その構成で重要なのが、「機能」という考え方である。機能については、第3章以降で説明する「機能ばらし⇒機能系統図」で解説する。

　まずはその製品の構成を明らかにし、その構成を確認しながら、モジュールの単位を検討していく。モジュールの単位で最も大きい単位が製品である。モジュールの単位を製品とした場合、すでに様々なメーカーで実践している製品バリエーションということになる。この製品バリエーションのみで管理しようとすると、先ほども解説した通り、製品数が多すぎて、管理することが困難である。また、どの製品に、どの部品が使用されているのか分からないことや、調べるのに時間がかかるとなると、市場不具合対応時にやはり時間がかかってしまう。そのため、**会話2-13**のように、モジュラー設計の考え方では、「製品をモジュールとしてはいけない」という禁止ルールを決めておく必要がある。

会話2-13

設計者
モジュールといっても、製品をモジュールとして設定すれば簡単じゃないですか!

モジュールマン
絶対にダメだ! 製品をモジュールにしたところで組み合わせ設計は実現できないし、今までの設計のやり方となにも変わらん!

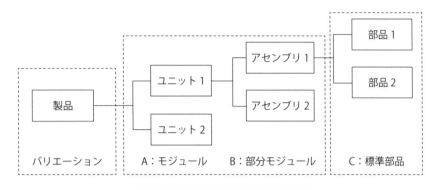

図表2-15　モジュール化の階層

　モジュール化の階層として必要な考え方は**図表2-15**のようになる。先ほども述べたように、全ての製品をバリエーションとして管理する考え方は、モジュラー設計の考え方の1つではあるが、管理することが困難である理由から、製品以下の階層のユニットやアセンブリをモジュール化していく必要がある。

A：モジュール

構成の中で製品の次の階層（ユニットレベル）でモジュール化する。各ユニットを独立可能な状態（他のユニットがないと機能が成立しないなどのユニット間の依存関係がない状態）にすることが可能であれば、モジュールを作成することができる。

　この階層をまとめるモジュールが最も一般的な考え方となる。注意しなければならないのが、「依存関係」である（依存関係については、本書に多く登場するので、この段階でしっかりと理解をしておいてほしい）。依存関係というのは、他のユニットやアセンブリ、部品がないと、目的としているユニットの機能や性能が成立しない状況のことを意味している。例えば、デスクトップパソコンを考えてみよう。製品全体ではなく、それぞれのユニットの機能を考えると**図表2-16**のような構成になる。

　大きく分けて、パソコン本体、キーボード、モニターという3つのユニットでデスクトップパソコンは構成されている。DELLなどの、顧客がカスタマイズし

③モニター

①パソコン本体

②キーボード

図表2-16　パソコンのモジュール構成

て購入可能なデスクトップパソコンを購入されたことのある読者であればすぐに
わかると思うが、それぞれのユニットはバリエーション管理をされており、顧客
が必要な機能、性能のユニットを選択することが可能である。

　それぞれのユニットには先ほど述べた「依存関係」がなく、バリエーションで
管理することができるようになっている。これがまさにモジュール化だ。

　「依存関係」がないと言っても、それぞれのユニットを結合するためのイン
ターフェースは合わせておかなければならない。例えば、キーボードを接続する
コネクタをUSBとするのか、もしくはPS/2キーボードコネクタにするのかを検
討しなければならない。それぞれのユニットで独立しているので、仕様を含め、
それぞれのユニットで設計を実施することが可能だが、インターフェースの部分
については、合わせ込みの作業が必要となる。このインターフェースについて
も、バリエーションを管理し、選択をするだけにしておけば、設計の段階で合わ
せ込みが非常に楽になるだろう。

B：部分モジュール

構成の中でユニットの次の階層（アセンブリレベル）でモジュール化する。
先ほどのAのユニットレベルでのモジュール化が困難（バリエーションが
多いなど）な場合に部分モジュール化を実施する。各アセンブリを独立的な
状態にしておく必要がある。

部分モジュールは、先ほども述べたようにモジュールでの管理が困難な場合に用いるが、困難な場合の事例をいくつか紹介する。

・モジュールバリエーションが多い

　モジュールのバリエーションが多いということは、モジュールの中の「何かのアセンブリや部品が変わる」ことにより、発生している。例えば、**図表2-17**の100円ライターの内容を見てみよう。

アダプター	ケースカバー A	ガスケース
樹脂	樹脂・透明	樹脂・透明黄色
1	1	1

図表2-17　100円ライターのガスの充填部品構成

　100円ライターのガスが充填されている部分のモジュールである。仮にこの3点の部品をモジュール化しようとした場合、各部品にどれぐらいバリエーションが存在するかが重要になる。

　各部品のバリエーションは**図表2-18**のようになる。

　この3つの部品をモジュール化すると……。

[アダプター2種類]×[ガスケース5種類]×[ケースカバー2種類]＝<u>20種類</u>

をバリエーションとして管理しなければならず、管理することが難しくなる（もちろん管理ルールを明確に設定し、ルールを逸脱しない設計部門の風土があれば管理可能だが、それもなかなか難しい）。

　この場合、部分モジュールとして、どのように設定するべきなのだろうか。こ

部品名称	図面	バリエーション
アダプター		白色と黒色の2種類
ガスケース		長さが5種類
ケースカバー		材質違いが2種類

図表2-18　100円ライターのガスの充填部分バリエーション

の100円ライターの事例でいくと、アダプターとケースカバーはインターフェースの形状が複雑であることから、この2つの部分モジュールとして設定する。ガスケースはモジュールから外す。その結果、管理するバリエーションは減少する。

［アダプター2種類］×［ケースカバー2種類］＝4種類

　バリエーションが減少した結果、部分モジュール内で部品を変更した場合の擦り合わせ事項が減少する。1つのモジュールの中に依存関係がなく、独立可能なアセンブリや部品があって、バリエーションが多い場合は、同じモジュール内に組み込んでおく必要がない。組み込むと、管理するバリエーションが多くなるだけで、デメリットの方が多いだろう。

　ただし、この部分モジュールには注意点がある。先ほども少し触れたが、モジュールから外すアセンブリや部品が独立可能な状態であること（依存関係がないこと）を前提にしなければならない。依存関係があるにも関わらず、モジュールの外に出してしまうと、モジュール内の部品を変更したときに、モジュールの

外に出してしまった部品の変更を忘れる場合がある。このような状態になると、製造段階で組立ができないなどの不具合が生じる可能性が高い。部分モジュールを設定する際には上記事項に十分気を付けてほしい。

C：標準部品

構成の中で最小単位（部品レベル）を標準化・共通化する。最小単位のモジュールと言っていいだろう。

標準部品は、究極のモジュールといっていい。全ての部品が標準部品でできており、依存関係ごとにモジュールや部分モジュールを設定し、組み合わせて設計する。このモジュールだと図面をまったく書かずに、1つの製品を設計完了することが可能である。しかし、このような単純な製品は少なく、目指すべき最終目標と捉えてほしい。本書の標準部品の考え方は、モジュールの中に組み込む標準部品を作り上げるということである。考え方としては、モジュール化を検討している際に、過去の部品バリエーションを確認する。そのバリエーションが本当に全て必要なのか、疑問に思うことがあるだろう。まさにその疑問に思った部品を標準化検討しよう。

ここでも100円ライターの事例で見てみよう。**図表2-19**は先ほど、部分モジュールの検討で、モジュールの外に出したガスケースである。

部品名称	図面	バリエーション
ガスケース		長さが5種類 （60、65、70、75、90mm）

図表2-19　ガスケースのバリエーション

長さが5種類であるが、この5種類はどのように開発されたのだろうか。最初は75mmのガスケースであったが、顧客要求により、小さいサイズのガスケース

を設計した。また、ライター会社の製品ラインナップを増加させるために、90mmを設定した。このような事例が過去にあった場合、現状の市場のトレンドや顧客要求を考えて、全てのサイズが必要か検討しなければならない。

この検討作業が標準化である。今後、100円ライターの市場は小さくなっていくことを前提に考えた場合（加熱式たばこや電子式たばこの増加による市場の縮小）、タバコを吸う人のニーズは減少していくため、他の場面での使用（災害対策など）を考えると、ガス容量が多い方がいいと判断して「90mm一本でいこう」と決めるなどである。

このように標準化では、過去の製品を開発した根拠を明確にしながら、バリエーションを絞っていく作業をしなければならない。このバリエーションを1つに絞りきれたものが、標準部品となるのだ。

②モジュール化区分

モジュール化区分というのは、モジュールの中の各アセンブリや部品に属性を設定し、その属性に従って、バリエーションや構造を変化させていくことである。モジュール化についての本やセミナーでは必ず紹介される部分でもある。それを筆者はモジュール化区分と呼ぶ。モジュール化区分の詳細内容は第3章で詳しく紹介するが、ここではモジュール化区分の概要を理解してほしい。

区分は下記のように4つ存在する。

A：固定部

固定部というのは、モジュール内のアセンブリや部品の形状や寸法の変更をまったくしない区分のことである。

⇒先ほど説明した標準化したアセンブリや部品は、固定部に区分されることになる。

固定部は、他の区分のアセンブリや部品の形状や寸法が変更されたとしても、合わせて変更しなくても済む区分のものである。

よって、インターフェースの部分をしっかりと設計しておかなければならない。他のアセンブリや部品の影響を受けて、形状や寸法を変更しなければならない状態であると固定部には区分できず、他の区分としなければならない。

B：変動部

変動部というのは、アセンブリや部品の形状や構造は変更しない区分のことである。寸法が複数種類存在し、その寸法に一定の規則性が存在しない場合は、変動部として設定し、寸法の上下限値以内の値を設定する。

変動部は、市場や顧客の要求から大きさを変更しなければならないモジュールに対して設定する区分である。自動車でもそうだが、プラットフォームの型式は同じでも、車種によって全長や全幅が異なる。これは構造自体は同様だが、大きさを変動部により変更しているということである。モジュール化をしたとしても、製品に柔軟性を持たせなければ、市場や顧客要求を実現できないためである。

変動部で注意しておかなければならないのは、寸法の設定ルールである。形状は変更できないが、寸法は自由に設定可能といっても、選択方法を設計者に任せてしまうと、変動部のアセンブリや部品が許容できない値を設定してしまい、市場で不具合が発生する可能性がある。具体的には、自動車でもプラットフォームはいくつかのカテゴリに分かれており、1つのプラットフォームで実現できる全長や全幅は決まっている。もし、ルールを超えて大きくしたいなどの要望がある場合は、1つ上のカテゴリのプラットフォームを選ばなければならない。仮にルール以上の全長を設定してしまうと車体の耐久性が低下するなどし、目標品質に到達しないなどの不都合が発生する可能性が高い。そのため、必ず設定のルール（上下限値など）を設定しなければならない。

C：選択部

選択部というのは、形状や構造は変更しない区分のことである。寸法が複数種類存在し、その寸法に一定の規則性が存在する場合は、選択部として寸法をバリエーション化する。材質や色違いなどのバリエーションがある場合もこの選択部となる。また、形状や構造が多少異なるアセンブリや部品でも、インターフェースが同じで、互換性があるものは選択部に区分される。

選択部は、部分モジュールの時に検討したバリエーションを管理するための区

分である。変動部と同様の考え方で、形状や構造は変更しないことが前提だが、寸法の値を設定するにあたり、ある一定の基準がある場合は選択部に区分される。先ほどの自動車の例で説明すると、同じプラットフォームの中で全長、全幅を選択できる数値が決まっている場合は選択部に設定をされる。また、100円ライターの事例で説明するならば、アダプターは白色と黒色の2種類がバリエーションとして存在するため、どちらかを選ぶことになる。

選択部で重要な考え方としては、選択のルールを事前に決めておかなければならないことである。設計者ごとに選択の考え方が異なるようであれば、同じ要求仕様にもかかわらず、設計者が異なることにより、複数の製品ができてしまう。これでは、モジュール化した意味がなくなってしまう。設計者が迷わないように選択の基準を明確に設定しておかなければならない。

D：個別部

個別部というのは、固定部、変動部、選択部に区分することができないユニットやアセンブリのことである。モジュール化では、基本的に全てのユニットやアセンブリを固定部、変動部、選択部に設定しなければならないが、顧客の特注仕様など、モジュールとして設定しておく意味がない（汎用性が非常に低いなど）場合は、個別部に設定する。

個別部は、3つの区分である固定部、変動部、選択部のいずれにも区分することができないユニットやアセンブリを設定することになるが、モジュール化のルールとして、3つの区分を必ず設定しなければならない。安易に個別部として設定してしまうと、**会話2-14**のように、区分に迷ったり、区分が難しいユニットやアセンブリが全て個別部に設定されてしまい、その結果、せっかくモジュール化の仕組みを構築しているにもかかわらず、まったくルールのない個別部のみとなってしまい、今までの設計のやり方に戻ってしまう。個別部はあくまでも顧客の特注仕様など、汎用的ではない仕様を設定し、通常設計時には使用せず、その顧客の注文が入ったときのみ使用するといった使い方をしなければならない。

③モジュール化ルール

一度モジュールを設定したとしても、常にバージョンアップを続けなければモ

設計者
う〜ん、区分が難しいからとりあえず、
個別部として設定しておくか

モジュールマン
それをしていてはいつまでたっても、
モジュール化の仕組みを構築できない
ぞ！ まずは固定部と変動部と選択部の
いずれかに区分をしなさい！

ジュールは陳腐化してしまう。多くの企業に見られるのは、この「ルール」を設定していないために、モジュール化の仕組みを構築したとしても、元の設計の仕方である流用設計に戻ってしまうというケースだ。設計者から聞かれる声が下記のような内容である。

・モジュールよりも過去の製品を流用して設計する方が早い。
・モジュールを使用することにより、過去に新規設計した部品を再度設計し直さなければならない。
・不具合の対応策を再度組み込まなければならない。　　　　　　　　　　　　など

　このような状況にならないよう、モジュールをバージョンアップさせる方法をルール化しておかなければならないのだ。これがモジュール化ルールである。
　例えば、モジュール以外の部分で新規設計した部品があるとする。この部品の持つ機能は、製品自体の付加価値を高めるためには重要な部品だとする。開発が終了した時点で、その部品をどのモジュールに入れ込むのか、もしくは、どの区分に設定するのかを検討する。検討結果からモジュールをバージョンアップさせ、顧客にその付加価値の提供が必要な場合はその部品を含んだモジュールを選択する。このように、開発終了時点でバージョンアップさせるルールを設定して

おこう。このルールの詳細内容や決め方などは、第5章で詳細に解説する。

(3) 3次元CADによるモジュール化

　3次元CADとモジュール化は切っても切れない関係性であるハズだ。3次元CADを有効的に使用し、設計開発リードタイムを短縮しようと思うと、モジュール化の考え方を3次元CADにも使用しなければならない。

　3次元CADは2次元CADに比べて、3Dモデルを作成するという作業が1つ増えている。何の準備もなく、CADというITツールを入れ替えただけだと、作業が1つ増加することにより、目指すべきリードタイムの短縮とは逆に増加してしまうことになるだろう。3次元CADに無知なメンバーが導入を進めてしまうと上記のような結果に陥ってしまう。

　また、3次元CADを進めてくるベンダーにも注意が必要だ。ただ単に「3次元CADのライブラリに3次元で描かれた部品さえ設定しておけば使用できる」という営業の売り込みは非常に危険だ。部品をライブラリにあらかじめ準備し、格納しておくことは重要だが、各部品の選択方法、組み合わせ、モジュールルールなどを決めておかなければ、単なるお絵かきソフトでしかない。例えば**図表2-20**のように、100円ライターの部品一覧を準備したとして、どのように組み合わせることが可能なのかのルールを決めておくのだ。お分かりになるだろう

会話2-15

設計者
3次元CADで設計すると見やすくて分かりやすいですね。

モジュールマン
3次元CADは視覚的に分かりやすくするだけがメリットではない。モジュール化の仕組みを同時に構築し、リードタイムを短縮するのだ。

部番	①	②	③	④	⑤
部品名	カバー	アダプター	ケースカバーA	ガスケース	開放レバー
材質	SPCC3価クロム	樹脂	樹脂・透明	樹脂・透明黄色	樹脂・黒色
数	1	1	1	1	1
姿図					

部番	⑥	⑦	⑧	⑨	⑩
部品名	点火ギア	回転ギア	石	送りバネ	調整レバー
材質	鋼	鋼	フリント	バネ鋼・ニッケルメッキ	樹脂・黒色
数	1	2	1	1	1
姿図					

部番	⑪	⑫	⑬	⑭	⑮
部品名	調整ギア	ノズルバネ	発火ノズル	ノズルパッキンA	ノズルパッキンB
材質	樹脂・白色	バネ鋼・ニッケルメッキ	鋼・亜鉛メッキ	ゴム・黒色	ゴム・黒色
数	1	1	1	1	1
姿図					

部番	⑯	⑰	⑱	⑲	
部品名	ノズルキャップ	結合配管	芯棒	芯棒固定配管	
材質	ゴム・黒色	SWRM	樹脂・白色	SWRM	
数	1	1	1	1	
姿図					

図表2-20　100円ライター部品一覧表

か。**会話2-15**のように、3次元CADを有効的に活用しようとすると、必ずモジュール化の仕組みを導入しなければならないのだ。

(4) DRで議論するべきモジュール内容

　モジュラー設計の仕組みを構築したら、もちろん、設計の中だけで活用するのが本来のあるべき姿ではない。モジュラー設計の仕組みを考えると、**図表2-21**のようにDRで検討するべきなのだ。

　このように各DRで選択した仕様・構造モジュールの内容が正しいか確認しなければならない。また、構想DRではモジュールの内容だけではなく、新規設計部分と構造モジュールのインターフェースを確認しなければならない。モジュール化ができたとしても、モジュールの内容だけで顧客の全ての要求仕様を満足させることは難しい。そのため、あらかじめ準備しておいたモジュールに新規ユニットを追加し、顧客の要求仕様を満足させる。この追加した部分について検証

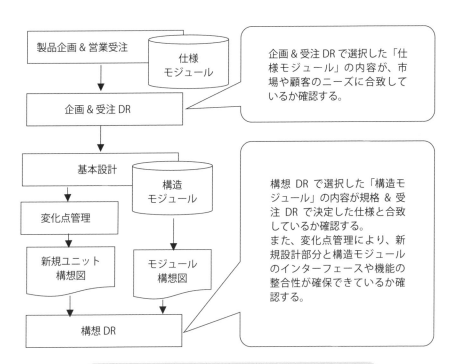

図表2-21　構想DRまでのモジュール活用プロセス

しなければならず、設計担当者のみに任せておいてはいけない。DRではこの新規設計部分について集中して議論することにより、問題の未然防止の確率も格段に高くなるだろう。

　また、過去の設計のやり方（流用設計）であるとDRで全ての構造や機構について検証しなければならず、DRに多くの時間を費やしていたことだろう。モジュール化により、モジュールの選択内容のみを確認するだけでよくなり、DRの時間短縮が可能となる。また、先ほど説明したように、新規設計部分の議論に集中できることも、もう一つのメリットとなる。

(5) 検図で確認するべきモジュール内容

　検図のタイミングで確認するモジュールの内容を解説する前に、そもそも検図を正しく行えているだろうか。筆者は様々な製造業の検図の現場を見てきたが、正しい検図が行われているようには到底思えない。多くの企業で実施されている検図は、「誤記・訂正」が中心となっている。設計開発の最終アウトプットである図面に対して、文章を確認するように誤記の確認だけで本当にいいのだろうか。いや、決してそんなハズはない。

　検図の本来の目的は、「顧客や市場から要求されている品質・性能、コスト、納期が満足している図面になっているか」を確認することである。本来の検図の目的を達しようと思うと、誤記・訂正でいいわけがない。また、図面といっても様々な種類の図面が存在し、その図面の目的に合わせて検図をしなければならない。後のモジュールを確認する検図内容にも関係するため、各図面の目的を解説しておこう。

①構造図・計画図

　設計工程の初期段階に、設計者の意図を伝えるために作成する図面。全体の概要や方向性を示すもので、詳細な取り合いや情報は入っていないことが多い。自社の関連部門との設計レビューや、クライアントとの情報の共有などに使用される。JISに規定はないが、構想図という言い方をすることも多い。

②試作図

　試作を行うために作成する図面。試作を担当する部門や企業が、製作するため

に必要な情報を記載する。記載する情報は試作の目的に合わせて選択する。

③製作図（量産図）

　製品を製造するために作成する図面。製造するために必要な全ての情報を記載する。製作図で伝えられない詳細な情報がある場合は、別途仕様書を作成することが多い。製作図の中に組み立て図、部品図、加工図が存在する。

　このように各図面は作成される目的自体が異なるため、おのずと検図する内容やポイントも変わってくる。それぞれの図面が出図されるタイミングで、各図面の目的に応じて検図をしなければならない。

　では、話を元に戻そう。モジュール化が成功した際に検図で何を確認すればいいのだろうか。検図で確認するべき内容は、下記の3点となる。

A：選択部で選択したモジュールの内容が選択基準に合致しているか
B：変動部で設定した寸法が決められた寸法設定ルールに沿っているか
C：変化点管理後、新規設計部分は検図チェックリストに沿って確認できているか

　AとBについては、モジュールの内容が正しいか精査をしなければならない。設計者によっては、選択の基準や寸法の設定方法を正しく理解せずに選択・設定している可能性があるためだ。決められたルールを徹底的に守らせるためにも、守られているかの確認は行わなければならない。

　最後のCが検図で正しく確認しなければならない部分であり、最も注力して検図を行わなければ、製造段階以降で不具合が発生してしまう内容だ。では、新規設計部分において、どのようなポイントで検図をすればいいのだろうか。検図のチェックポイントを**図表2-22**に示すので、確認してほしい。

　構想図において、集中的に検図する際は、機能・性能の観点である機能設計の視点で検図しなければならない。図面を見ると、モノ造りができるのかどうかの視点で確認をしがちだが、市場や顧客が要求している機能や性能が実現できていなければ、モノ造りできる図面を作ったとしても意味がない。特に検図は図面の間違い探しや、先ほど述べたモノ造り視点での確認をしがちだが、その内容を確

項目	チェック	チェック内容
構想図	☐	設計仕様書の設計方針と図面が合致しているか
	☐	目標性能＆目標品質が確保可能な見込みがある図面になっているか
	☐	過去の流用部分の品質が確保できているか ⇒市場不具合を対策した内容が織り込まれているか
	☐	レイアウトに無理がないか
	☐	ユニット・アセンブリ間の干渉はないか
	☐	構造上技術的な課題はないか、ある場合対応策は検討できているか
	☐	機構上技術的な課題はないか、ある場合対応策は検討できているか
	☐	強度上技術的な課題はないか、ある場合対応策は検討できているか
	☐	新規ユニットのDRBFMを実施できているか
	☐	新規設計部分が技術基準の判断基準以内となっているか
	☐	法規制は満足しているか
	☐	特許は回避できているか
	☐	構想DRで抽出された課題に対しての対応策が織り込まれているか

図表2-22　構想図検図チェックリスト

認し、修正するのは後の図面でもできる。まずは、要求されている機能・性能を満たすことができるかどうかを確認してほしい。

　次に**図表2-23**で、試作図の検図チェックポイントを確認してみよう。

　大きくは構想図のチェックポイントと同じであるが、対象とする図面が異なる。構想図・計画図は、組立図のような全体を表した図面や、部分組立図のように新規設計する部分のみ拡大した組立図が中心だが、試作図面以降は、組立図、部品図の両方を確認しなければならない。また、試作図では、機能設計の視点だけではなく、生産設計の視点でも確認しなければならない。製造側の要求（製造ラインや作業効率の観点）を受け入れた上で図面に反映をさせていく。

　この時に製造側から機能に対して影響を与えるような要望が提出される場合が

項目	チェック	チェック内容
試作図	☐	設計仕様書の設計方針と図面が合致しているか
	☐	目標性能＆目標品質が確保可能な図面になっているか
	☐	過去の流用部分の品質が確保できているか ⇒市場不具合を対策した内容が織り込まれているか
	☐	DRBFMの対策結果が織り込まれているか
	☐	試作評価結果が図面に織り込まれているか
	☐	部品間の干渉がないか
	☐	公差を正しく設定できているか（公差の基準から外れていないか）
	☐	組立性は考慮されているか（生産技術に確認したか）
	☐	新規設計部分が技術基準の判断基準以内となっているか
	☐	法規制は満足しているか
	☐	特許は回避できているか
	☐	構想図の検図の課題事項が解決された内容が織り込まれているか
	☐	試作DRで抽出された課題に対しての対応策が織り込まれているか

図表2-23　試作図検図チェックリスト

ある。例えば、生産上クリアランスを○○mm以上確保したいが、機能や性能の制約では△△mm以内にしなければならないなどである。もちろん、どちらも確保しなければならない内容ではあるが、機能設計視点と生産設計視点での妥協点を見出さなければならない。まさにトレードオフの内容に対して、どのように折り合いをつけるのかが、設計者の能力が最も試される部分だ。

　特に生産設計視点で多く要望を出されるのがコストの観点だ。このコストのトレードオフ設計が設計者を最も成長させる試練だと言ってもいいだろう。トレードオフ設計の考え方を簡単に紹介する。

　図表2-24のように、どのような項目同士がトレードオフの関係にあるのかをインプットとし、どの関係性がどのような曲線を描き、さらには妥協点がどこにあるのかを見出すために使用する。このような内容を設計業務に仕組みとして組

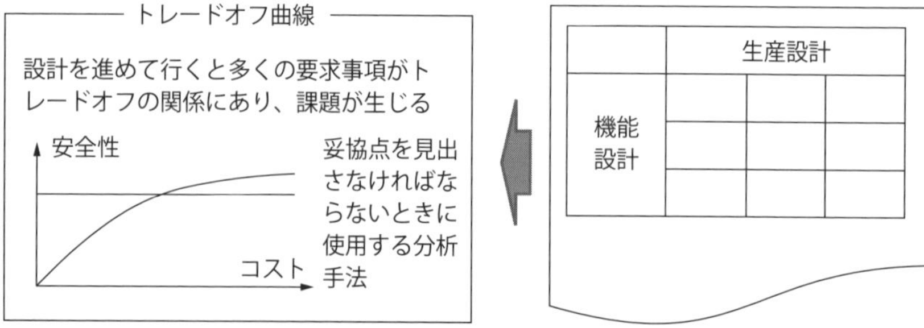

図表2-24　トレードオフ曲線の内容

み込んでおけば、自然とコスト意識は高まり、製造側の意見を抽出する前に、機能設計の視点で部品図を描きながら、生産設計内容やコストを検証していくことができるようになる。

　重要なのは意識させるための仕掛けを日常業務の中に組み込んでおくことである。口頭で「意識しろ」と言うだけではいつまでたっても意識は高まらない。

　それでは最後に、**図表2-25**で量産図の検図のチェックポイントを確認しよう。

　チェックポイントの内容としては、生産設計の視点が中心になる。この時に気を付けてほしいのが、**会話2-16**のように、誤記チェックにならないことだ。例えば、部品図を確認している時に「表面粗さ」について確認したとする。表記されている表面粗さの成否を確認するためには、その部品に求められている機能や性能もしくはデザイン、見映えの内容を確認しなければならない。現在の製品は、検図者の過去の経験やノウハウだけで検図できるような情報量ではない。要求されている内容や設計者が考えた内容と照らし合わせた時に、図面が正しく表記されているかを必ず確認していかなければならないのだ。私は、「検図する際には、右手に図面を持ったとすると、図面の成否を確認するための情報を左手に持ち、その情報と図面の整合性を確認しなければならない」と常日頃当社のクライアントに言っている。モジュール化をした場合でも検図のやり方は変わらない。左手にモジュール化の情報や変化点の情報を持ったうえで、右手の図面を検証してほしい。

　このようにモジュール化をしたとしても検図は必要となるが、今までの全ての

項目	チェック	チェック内容
量産組立図	☐	干渉していないか（3Dモデルでも確認する）
	☐	組図と部品図の整合性は取れているか
	☐	強度的に問題がないか
	☐	部品交換ができるスペースがあるか
	☐	組立が容易であるか（生産技術に確認してもらう）
	☐	はめあい公差が考えられているか
	☐	量産試作結果が反映されているか
	☐	目標性能・目標品質が達成可能か
量産部品図加工図	☐	量産バラツキは考慮されているか
	☐	加工の形状に矛盾はないか
	☐	加工が容易であるか（生産技術に確認してもらう）
	☐	材料の選定は適切か
	☐	表面粗さの指示記号は記入されているか
	☐	溶接の指示記号は記入されているか
	☐	焼入れ位置の指示はされているか
図面の書き方に対する内容	☐	指示記号に誤記がないか
	☐	図面の配置は適切になっているか
	☐	断面図は適切な面となっているか
	☐	中心線は入っているか
	☐	用途によって正しい線を使っているか
	☐	部品番号が記入されているか
	☐	寸法は記入されているか（抜け漏れがないか）
	☐	設変した場合、改訂番号が記入されているか
	☐	図面作成のための標準書ルールに沿って記載されているか
その他	☐	新規設計部分が技術基準の判断基準以内となっているか
	☐	法規制は満足しているか
	☐	特許は回避できているか
	☐	第3回目の検図の課題事項が解決された内容が織り込まれているか
	☐	量産DRで抽出された課題に対しての対応策が織り込まれているか

図表2-25　量産図検図チェックリスト

> **設計者**
> えっ!? 検図って図面を提出して、検図者によるノウハウで図面の誤記を見つけるだけではないんですか？

> **モジュールマン**
> それは検図ではない！ 図面の間違い探しだ！
> 本来の検図は、設計者が創造した内容が正しく図面に織り込まれているか確認することで、QCD が成立しているのかを図面で検証することなのだ！

図面を検証してきた検図よりは、圧倒的に少ない時間で検図が可能となる。モジュールはすでに図面ができており、選択や変動の考え方が正しいか検証するだけになるし、新しい設計部分の検図に注力してもらえれば、今までよりも問題の未然防止が可能となる検図が実行できるため、設計品質の向上につながる。

(6) モジュール化と変化点管理による2つのアプローチ

　モジュール化が完成したとしても、大幅な設計効率や設計品質の向上がすぐに起こるわけではない。今まで流用する大元の製品を選択するために費やしていた時間をモジュール化により短縮しただけであり、これでは私が掲げているモジュラー設計の仕組みではない。モジュラー設計＋ "変化点管理" の仕組みが欠かせないのだ。

　詳細内容は第5章のモジュールの運用の部分で説明するが、**会話2-17**の通り、モジュール化＋ルール構築のモジュラー設計のみで対応できる市場や顧客要望は少ないだろう。もちろん、少ない中にも新規図面を作成せず、モジュールを組み合わせるだけで出図可能な場合も存在するが、ニーズが多様化されている

会話2-17

設計者
モジュラー設計って、モジュール化や
ルールを整備したら終了ではないので
すか？

モジュールマン
モジュール化とルールだけでお客様
が要望するモノはなかなか実現でき
ないだろう。新規設計部分が必ず存
在し、その部分に注力し、問題の未
然防止を図る必要があるのだ

中、過去の図面の実績を集約したモジュールだけではなかなか対応が難しいのが現状だと考える。よって、新規図面を作成する機会というのは、モジュラー設計を運用しても少なからず存在するのだ。

では、新規図面を作成する際には何も気を付けなくてもいいのだろうか。多くの製造業で、設計起因の問題はこの新規部品や新規のインターフェースの部分で発生している。そのため、この領域の問題の未然防止を図らなければ、いつまでたってもフロントローディングを達成できない。具体的に運用するべき仕組みが"変化点管理"なのだ。

変化点管理の言葉の定義としては、下記のようになる。

新規設計部分や新規インターフェースの変更点、また他ユニットや部品から受ける影響によって発生する変化点、使用環境の変化によって発生する変化点を"機能"という観点から視える化し、"機能の欠損、商品性の欠如"に繋がる故障を未然に防止することで、フロントローディングの実現を図る。

変更点と変化点を正しく捉える、まさにモジュラー設計以外の新規設計部分がこの変化点管理で検証するべきポイントなのだ。

また、モジュラー設計と変化点管理の両輪を設計開発のプロセスに落とし込むことにより、今まで流用の部分について検証しなければならなかった工数を削減し、新規部分のみに注力できるようになることで、設計品質の飛躍的な向上を図ることが可能となる。

このようにモジュラー設計の最終目的はフロントローディングであり、そのためにはモジュラー設計だけではなく、他のプロセス整備も同時に必要となる。今までの流用設計の仕事を変革し、より設計品質の高い製品の設計を可能にする必要がある。

4 第2章まとめ
【あるべき開発プロセスから逆算する】

1. 設計プロセスのあるべき姿

設計には機能設計と生産設計があり、両輪を同時に設計していく必要がある。また、プロセスには4つの段階があり、各段階において設計のアウトプットを明確にしていく必要がある。

1) 構想（基本）設計段階

2) 詳細設計段階

3) 量産設計段階

4) 市場段階

⇒各4つの段階で使用するモジュールの内容やルールを整備する必要がある。

2. 問題の先送りプロセスとは

問題の先送りプロセスとは、「工程の後ろ側で負荷がかかること」である。製造段階で、設計者が図面修正や構造・機構修正のための検討にいつまでも時間を

かけていてはいけない。時間のない中で検討した設計内容は、市場に出てから問題が発生する可能性が高くなる。結果、設計品質の低下を招くことになる。問題を先送りし、製造段階で問題が発生しないようフロントローディングを図る必要がある。

3. フロントローディングとコンカレントエンジニアリング

1) フロントローディング

　フロントローディングは"工程の前側で負荷をかける"ことであり、様々な仕掛けを実行することにより、問題の未然防止が可能となる。仕掛けには本書のテーマであるモジュラー設計も含まれており、様々な仕掛けを実行していくプロセスを構築する必要がある。

2) モジュラー設計によりフロントローディングは完成する

　フロントローディングのためにはモジュラー設計が最も重要となる。この仕組みが無いからこそ、問題の未然防止ができずに設計品質が低下するのだ。

3) モジュール化全体像

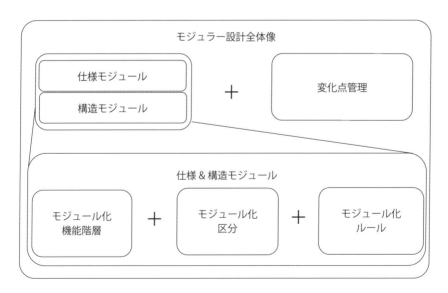

4) モジュール化

　近接している部品を組み合わせるなど、意味のない組み合わせはモジュールではない。モジュールは各構成の中で"1つの機能を有するモノ"としての定義が必要となってくる。さらにそのモジュールには区分も必要で、「固定部」「変動部」「選択部」「個別部」といった区分を設定することで、設計者による選択のミスや設計のミスを最小限に留めることを実現している。

5) DR、検図で確認すべきモジュール

　モジュール化が実現できれば、確認するべきポイントは、モジュールの選択の仕方である。選択の仕方がルールに基づいていなかったり、ルールを無視していたりする部分を確認し、問題の未然防止を図る。また、モジュール以外の新規設計部分については変化点管理を行うことにより、変化点を明確にしながら、新規設計で発生する可能性のある故障に対して、対策を事前に検討、織り込むことで、設計品質の向上を図る。

6) 変化点管理

　モジュール以外の新規設計部分やインターフェースの変更点、さらには他のユニットや部品から受ける影響によって発生する変化点、使用環境の変化によって発生する変化点を洗い出す。この変化点を洗い出す仕組み構築がモジュールの設定と並行して必要となる。

第 **3** 章

モジュラー設計

1 モジュラー設計の時代の変遷

　モジュラー設計の構想は、世に製造業が生まれてから、顧客ニーズが多様化しだしたタイミングで誕生した。特に自動車では2万〜3万点の部品を組み合わせて設計しなければならず、各部品の擦り合わせに多くの設計者の労力を費やさなければならなくなった。多くの自動車メーカーが競争力を上げようと、様々な車種を用意しようとすればするほど、設計現場が多くの擦り合わせを検討しなければならず、疲弊していった。

　日本の自動車メーカーは、その擦り合わせが強みとなり、競争力を有してきたのも事実である。しかし、さらに競争力を向上させようとすると、疲弊した現場で品質問題が多発するようになってきた。そこからモジュラー設計構想が誕生した。あるべきモジュラー設計の姿は、日本が有してきた擦り合わせの部分は残したうえで、本来擦り合わせの必要な部分を組み合わせるだけで設計が完了するような考え方である。

　自動車メーカーでそのようなモジュラー設計構想を最初に打ち立てたのが、フォルクスワーゲンである。また、近年では、トヨタ自動車がTNGA（Toyota New Global Architecture）を発表し、シャシーやボティー、エンジンをモジュラー設計し、各車種に展開している。各社のモジュラー設計構想を含めて、モジュラー設計の現在の考え方をまとめてみよう。各社の考え方は、「自動車での組み合わせ部分を増加させ、開発リードタイムを大幅に短縮させる！」である。しかし、注意しなければならないのは、下記の通りである。

擦り合わせ部分（乗り味、エンジン出力の出し方など）の開発に注力することで、さらなる価値の高い製品の創造を可能とする。

※**会話3-1**のように、開発リードタイムを短縮させるのは、あくまでも結果であり、顧客のニーズが多様化している部分や顧客に対して付加価値が提供可能な部分に開発リソースを集中させるのが目的である。

設計者
モジュラー設計って、リードタイム短縮だけが目的だと思ってました……

モジュラーマン
もちろん、リードタイム短縮を図ることもできるが、それだけでは、製品がどんどん汎用化していき、企業としての競争力がなくなってしまうのだ。付加価値を設計することに注力しなければならない

設計者
そうですよね、少子高齢化時代を迎える中で、多くのリソースを確保することが難しくなっている今、モジュラー設計で効率よく、付加価値の高い製品を設計しなければなりませんよね

2 モジュラー設計の全体図とポリシー

1) モジュラー設計全体図

モジュラー設計の全体像は**図表3-1**の通りである。

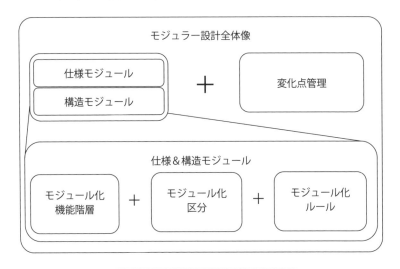

図表3-1　モジュラー設計全体像

　過去にモジュラー設計と言われてきたのは、構造モジュールを創造し、モジュール化の階層、区分を決めることだけである。これを決めただけでは実運用できず、結局、設計者のノウハウによってモジュールを選択するしか方法がない。そうなると、今までの流用設計の仕事の仕方とほぼ変わらない。私が打ち立てている新モジュラー設計の構想では、モジュールを使用するルールやモジュールを選定するための仕様の考え方、さらには新しい設計部分とモジュール構想の組み合わせ部分まで着手する。これにより、設計者であれば誰でもモジュールが使用可能な状態にしつつ、付加価値の高い設計領域にリソースを集中させながら、設計品質を向上させるための手法を組み入れている。この全体像を1つずつ

解説していき、具体的な手順やケーススタディによるモジュラー設計の詳細内容
を後ほど解説していく。

2) モジュラー設計ポリシー

(1) モジュラー設計の考え方

　今までの設計の在り方を大幅に変革するためには、設計者の意識改革も必要と
なる。多くの設計者は自分自身が設計した構造や、そのアウトプットである図面
に対して、「素晴らしい内容だ」と自負しているだろう。もちろん、中には他人
では思い付きもしないようなアイデアが含まれている構造も実在する。しかし、
多くは他人には分からないような非常に難しい構造や、生産性が悪いような構成
になっている。

　それは、設計者が様々な機能を自分でしか思いつかないような構造にしようと
思っており、その製品を今後、他人が流用することなどはまったく考えていない
からである。このような設計者の意識ではモジュラー設計は完成することができ
ない。モジュラー設計を完成させるにあたり、設計者の心得は下記の通りとな
る。

> 自分にしか分からない構造や構成は、設計者の「エゴ」である。自分にしか
> 分からない、できないではなく、誰でも設計ができる分かりやすい簡単な構
> 造で設計せよ！

　この考え方が皆さんは理解できるだろうか。私が前職で設計をしている時に常
に言われてきたことである。自分が部署を異動したとしても、同じ設計の結果に
なるように設計のストーリーを構築し、そのストーリーが簡単に理解できるよう
な構造や構成にする必要がある。この考え方を持った設計者がこれからの時代は
必要であり、自分にしか分からない構想や構成を構築するのは、設計者ではな
く、職人である。もちろん、設計の職人を否定しているわけではない。しかし、
今の世に出ている製品は、求められるニーズや機能が多様化しているため、職人
1人で全て構築できる製品はごくわずかである。設計チームで製品を創造しなけ

モジュラーマン
もう私のような職人は必要ないのだ。私も含め、真の設計者となるために、会社全体の最適化を検討しながら、製品の構成を検討していかなければならないのだ

設計者
私もモジュラーさんに頼り切ってしまっているところがあったかもしれません。設計内容についてもっと議論する必要がありそうですね

ればならない時代に、一匹狼で設計をしているようでは、良い製品を送り出せないだろう。**会話3-2**のように、今までよりもさらに設計チームでの仕事の仕方、意識の変革が必要となっている。

　もう一点の重要な考え方が、モジュールを使用して製品を構築する組み合わせ設計に対する意識である。

> 顧客のニーズに合わせて新規に部品を作るのではなく、既存の部品を組み合わせることで顧客のニーズにあった製品を作り上げる！

　私はこの考え方が非常に重要だと思っている。新しい顧客ニーズが発生したら、その都度新しい部品を作っていてはキリがないし、今までの設計の在り方である流用設計と何も変わらない。そうならないように、既存の部品を組み合わせることでなんとか顧客ニーズを達成できる手段がないか考えることが重要なのである。

3) 強いモジュールを構築するためのコア技術

(1) コア技術の必要性

　皆さんの普段設計している製品にはコア技術があると思うだろうか。私はコンサルタントをしていて、様々な製造業へ出向くが、上記の質問をすると多くの企業から、「当社が強みと言えるような技術はありませんね」と言われる。果たして、そうだろうか。強みと言える技術＝コア技術がなく、何十年も企業として継続して、存続できるだろうか。その答えはNOである。強みもなく継続できる企業は存在せず、必ず淘汰されていく。このような発言をする技術者はその企業のコア技術が視えていないだけで、必ずコア技術は存在するのだ。

　問題点は、コア技術が存在するものの、視える化ができていない点にあると考えられる。現在の設計でもコア技術は必ず使用している。流用元を選択した時点でその会社に存在するコア技術を使用しているのだ。知らずに使用しているということに多くのリスクを抱えている。そのリスクとは、コア技術の内容を知らずに流用しているため、変えてはいけない部分を変えている可能性があることだ。そうなると、製造段階で多くの問題が発生し、図面修正や構造変更などをしなければならなくなる。そのようにならないためにも、**会話3-3**のように、コア技術を設計者全員が知る必要があるのだ。また、私が提言する新モジュラー設計で

会話3-3

設計者
コア技術って、そんなに大切なんですね。知らずに使用してました

モジュラーマン
コア技術を理解した上で使用するのと知らない状態で使用するのとでは、リスクの内在の可能性が全然違うのだ

もコア技術は重要な要素であり、コア技術の視える化ができていなければ、モジュラー設計は完成しない。コア技術部分こそ、モジュラー設計のモジュール化によってまとめあげた上で、誰でも使用できる状態にしなければならない。

ちょっと雑談
見える化と視える化の違い

　読者は見える化と視える化の違いが分かるだろうか。筆者は、経営コンサルタントになる前から、言葉の定義には非常にこだわっている。日本語の難しいところではあるが、読み方が同じでも使う漢字が違うことにより、まったく異なる意味にとらえられてしまう場合がある。見える化の「見える」の意味は、「目に見えるもの」という意味であり、視える化の「視える」は「表面上に見えている部分だけではなく、細部まで調査し、内容を明らかにする」という意味となる。

　本来、企業で用いられるべき「みえる化」は、視える化であり、見える化ではない。目に見える部分のみを明らかにしても、真の問題（＝真因）は抽出できないし、本来あるべき対策や方向とは違う内容になってしまうだろう。細部まで調査し、確認する必要性がある。特に問題が発生したときは必ず「視える化」をしなければならない。

　真の問題を掴むために、ぜひ「視える化」を実践してほしい。また、見える化にならないよう使用する漢字も「視える化」に変えてほしい。

常に物事を深く追及するために、まずは様々な調査をしなければならないよ！ そのためにも、現状を「視える化」してみよう！

(2) コア技術の定義

コア技術とは、下記のように定義している。

> 製品の中で最も重要な機能や性能を実現するための「核」となる技術のこと。コア技術により、競合他社との差別化や市場での優位性を確保することが可能となる。

　このコア技術が市場に浸透し、差別化や優位性を保つことができなくなると、その技術は〈汎用技術〉に格下げされ、当たり前の技術となる。しかし、技術的には簡単な技術であっても、モノ造りが難しい、単品は生産することが可能だが、量産になると生産性が極端に落ちるなど、生産する技術として、価値がまだ存在している技術も存在する。また、汎用技術に付加価値を付け加えることにより、汎用技術からコア技術に格上げされる技術も存在するだろう。

　例えば、エンジン（内燃機関）の燃焼技術である。
⇒燃焼させ、力を出すだけの構造はまさに〈汎用技術〉。しかし、自動車メーカーでいまだにエンジンの研究が続けられているのは、単に燃焼させるだけではなく、いかに『効率的に』燃焼をさせることができるか、その部分がコア技術だと考えられているからである。この『効率的に』の部分を開発しようとすると、汎用技術として定義していた構造から見直しを行わなければならなくなる。

　具体的にはどのような内容だろうか。過去の自動車エンジン開発での熱効率の推移を見てみると、1960年代では熱効率が25％程度（負荷領域で熱効率は異なる）のエンジンであったが、2018年ではまだ実験段階であるものの、50％を超える熱効率のエンジンが誕生している。約60年余りで2倍以上の熱効率を向上させている。それには様々な技術要素があり、その2倍にさせるための手段がまさにコア技術となるのだ。その技術の一部を紹介しよう。

　熱効率を最大化するためには、タンブル流という技術要素が欠かせない。いかに強いタンブル流を造り出せるかにより熱効率は大きく変わる。タンブル流というのは、**図表3-2**のように、筒内で混合気が縦方向に渦巻き状になることであり、超希薄（リーンバーン）な混合気でも点火をし、爆発させることが可能となるのだ。

※引用：新型「直列4気筒2.5L直噴エンジン」-DynamicForceEngine-
（提供：トヨタ自動車）

図表3-2　タンブル流の図解

(3) コア技術の体系化

　このタンブル流による熱効率向上のコア技術があるとする。では、それをどのようにまとめていくのだろうか。コア技術のまとめ方をタンブル流という技術で考えてみよう。

　コア技術は「この技術がコア技術です！」と言うだけでは誰もが使用できる状態にはならない。各製品でどのような技術があるか、体系的にまとめる必要がある。また、体系化をするためにはコア技術の区分を分けなければならない。どのように区分するのかを**図表3-3**に記載したので確認してほしい。

技術項目名	項目の概要
要素技術	求められる機能と実現可能な技術の根本的な内容
構造技術	要素技術を実現するための特別な構造的内容
制御技術	構造を効率的に動かすための制御的な内容
材料技術	構造に求められる性能を最大限発揮するための特別な材料的な内容
評価技術	構造内容を確認するための評価内容
生産技術	生産するために必要な加工技術や組立技術内容

図表3-3　コア技術項目

このように、コア技術がどの技術に分類されるのかを製品ごとに検討していく。部品点数の多い製品については、ユニットやアセンブリ単位で分類する方が抽出はしやすいだろう。

そして、最も重要なのが、各項目におけるコア技術をどのようにして抽出し、体系的にまとめるかということである。筆者が過去設計者であった時の経験と現在のコンサルタントでの経験から、最短かつ効率的に抽出する方法を紹介する。

その方法とは「機能系統図」と呼ばれるツールを使用した、コア技術の抽出である。この「機能系統図」は、モジュールを構築するときにも使用する手法であり、この章のコア技術の解説部分では、機能系統図からコア技術抽出の内容について解説する。機能系統図の作成方法は、第4章以降のモジュールの作成方法の部分で確認してほしい。機能系統図の定義は下記のようになっている。

> 対象製品を取り上げて、その全てについて機能間のつながりの方式を決定しながら明確にし、設計仕様に至るまで機能のつながりを演繹的に展開していく手法のこと。

図表3-4のように製品に求められる機能（基本機能）があり、その基本機能から機能を細分化していく。基本機能を成立させるためには複数の機能が求められる。例えば、自動車を例にとって考えてみよう。

図表3-5の最後の空欄は何になるだろうか。今まで自動車で求められてきたことは、「快適かつ効率的に人・モノの移動が可能となる」製品で、その機能を

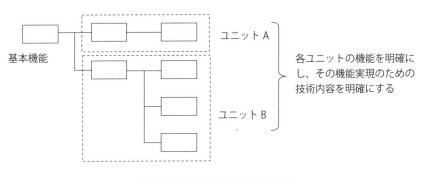

図表3-4　機能系統図概要

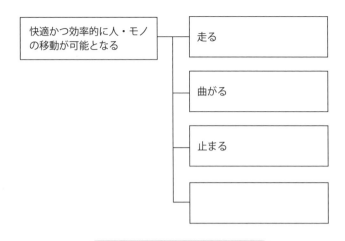

図表3-5　自動車の機能系統図

実現させるためには、3つの機能が必要であった。その3つの機能が「走る、曲がる、止まる」である。

　しかし、近年、この3つだけでは、顧客ニーズが満たせなくなってきた。それは「効率的に」の部分である。「効率的に」を実現させるために、今では3つの基本機能に加えて、「つながる」という機能が追加されているのである。IoTが進化していく中で、自動車も1つのシステム製品として捉えると、インターネットにつながり、今よりもさらに効率的に使用できる製品でなくてはならない。
※図表3-5の空欄の解答は「つながる」

　このような機能系統図から、「その機能を実現するための具体的な構造はなにか？　制御はなにか？」を検討していけば、その製品が保有しているコア技術が視えてくる。しかし、先ほど解説した通り、自動車のように部品点数が多い製品の場合は、図表3-5で示したような機能系統図ではコア技術を抽出することが難しいため、さらに下位機能の部分に焦点を当てなければならない。

　それではタンブル流を発生させるための吸気系ユニットについてのコア技術を抽出してみよう。
　図表3-6の機能系統図を見てわかる通り、「空気の流速を上げる」という部分

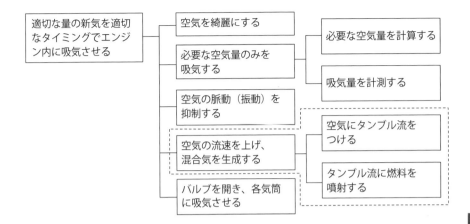

図表3-6　吸気系ユニットの機能系統図

が最も重要な機能であり、コア技術がある部分である。空気の流速をあげなくとも、エンジンの負圧のみで、空気はエンジン内に吸気されるため、エンジンから出力を出すこと自体は可能である。しかし、熱効率や性能などの顧客から要求されているニーズをすべて満たすためには、「空気の流速を上げる」ということが必要となる。この機能系統図から、様々なメンバーで議論をしながら、コア技術があるか確認してほしい。

　そのコア技術の抽出が終われば、あとは各ユニットで**図表3-7**のマトリクスにまとめていく。例えば、今回のタンブル流ではどのような技術が存在するだろうか。トヨタ自動車から発表されているエンジンの内容を考えていくと、図表3-7のような技術があることがわかるだろう。

　図表3-7では材料技術の部分のみ空白となっている。コア技術となるような新しい材料や新しい材料の配合を使用しているわけではないため、材料技術が空白となっている（このマトリクスを無理に埋める必要はなく、ユニット全体から抽出できる技術のみ記載してほしい）。

（4）コア技術の詳細内容

　コア技術の体系化にて、各ユニットの技術を明確化した。これは本でいう目次のようなもので、各ユニットにどのようなコア技術があるのかを視える化しただ

		製品開発技術					
		要素技術	構造技術	制御技術	材料技術	評価技術	生産技術
吸気システム	タンブルユニット	タンブル流	バルブ狭角拡大	燃料量可変制御		インクジェクタ噴射シミュレーション	バルブ溶接技術

図表3-7　吸気系ユニットコア技術マトリクス

けである。モジュール化をする際には、さらなるコア技術の詳細内容が必要となる。また、実際の業務で使用するためにも、どのような技術があって、変更してはならない部分がどこなのかを、設計者が見るだけでわかる必要がある。

　詳細内容をどのように記載するべきなのかを解説する。

コア技術の詳細内容に必要な項目

①コア技術名

②コア技術が実現可能な機能

③コア技術の詳細内容

④コア技術を活用した製品例

⑤コア技術実現のための設計内容、評価内容

　例えば先ほどから事例にあげているエンジンの場合、コア技術の詳細内容はどのようになるだろうか。

---

①【コア技術名】

バルブ狭角拡大

②【コア技術が実現可能な機能】

タンブル流の強さを2倍以上にすることにより、燃焼効率の向上を可能とする（熱効率40%以上）。

③【コア技術の詳細内容】

・従来エンジンバルブ狭角31°を41°に変更（拡大）。

・ポート形状を変更。

・タンブル流に向かって燃料を噴射する。

この2つの技術により、従来エンジンよりもタンブル流の強さが2倍以上となった。また、このポート形状は、エンジンバルブの一方からしか空気をシリンダー内に取り込まないようにした。

バルブ狭角拡大
バルブ狭角 約41°
IN   EX

吸気ポートのストレート化

※引用：新型「直列4気筒2.5L直噴エンジン」-DynamicForceEngine-
（提供：トヨタ自動車）

④【コア技術を活用した製品例】

2.5Lダイナミックフォースエンジン

⑤【コア技術実現のための設計内容、評価内容】

バルブ狭角を〇〇〜〇〇まで評価。

最もタンブル流が発生しやすい狭角を調査。タンブルの技術については、以前開発調査したエンジンの評価結果を参考にした。

トヨタ自動車が発表している内容から、筆者がコア技術にまとめていくと上記のようになると考えている。次期エンジンを開発する担当者は、このコア技術の内容を確認しながら、顧客や市場ニーズにマッチするエンジンを開発していくこととなる。

モジュール化する際にこのコア技術は必要となる。先ほども説明したが、**会話3-4**のように、このコア技術内容を確認しながら、モジュール化可能な単位を検討していく。その時には機能系統図も一緒に確認しながら、モジュールの単位を検討していくことで、さらに精度が高いモジュールの設定が可能となるだろう。

会話3-4

設計者
コア技術がこのようにまとまっていたら、
間違った使い方にならないですね

モジュラーマン
その通りだ。モジュールを設定する際にもコア
技術を確認しながら、組み合わせ単位を決め
ていくのだ。コア技術がないと、機能を分断し
てしまうかもしれない。そうなると、使用でき
ないモジュールを設定してしまうことになる

3 モジュール化の進め方

1）モジュール化機能階層編

（1）仕様把握

　モジュール化において最初に実施するのは、仕様のまとめである。各製品がど
のような構成になっているのか、どのようなオプションがあるのかを確認してい
く。特に受注生産品の場合、顧客ごとに存在する特別仕様（特注）も確認が必要
である。顧客仕様をその顧客だけにとどめることなく、付加価値がある内容であ
れば、モジュールに組み込んでいく必要があるからだ。

　また、この内容を明らかにする際には、その顧客の製品を担当している設計者
に確認して進めてほしい。受注生産品の会社には、その顧客仕様を知っているの

は一部の設計者（担当したことのある設計者）だけ、ということがよくあるからだ。それでは、モジュールに設定できない。一部の設計者しか知らない暗黙知を形式知化する必要がある。その仕様がなぜ存在しているのかを含めて、形式知化していこう。

　では、どのような仕様をまとめていけばいいのだろうか。ここからは100円ライターを例に考えてみよう。

　100円ライターは、スーパーやコンビニエンスストアなど様々な店で量産品を販売している一方、顧客からの注文により、特別仕様を製造している場合がある（特別仕様を製造しているのはライターメーカーではなく、商社機能を持っているメーカーの場合が多いだろう）。多く見かけるのが、ライターの燃料が入っている部分に様々な企業名をプリントし、販促品として配布しているライターである。また、大きさや点火方式など様々な仕様が存在する。これらの仕様をまとめていかなければならない。それでは仕様をまとめてみよう。

　図表3-8の仕様違いだけでも、［A：カバー2種類］×［B：点火方式2種類］×［C：アダプター2種類］×［D：ケースカバー2種類］×［E：ガスケース5種類］×

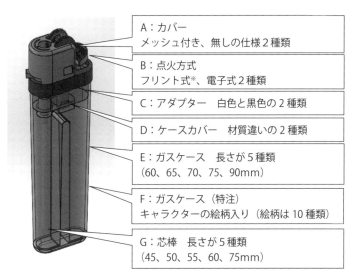

A：カバー
メッシュ付き、無しの仕様2種類

B：点火方式
フリント式※、電子式2種類

C：アダプター　白色と黒色の2種類

D：ケースカバー　材質違いの2種類

E：ガスケース　長さが5種類
（60、65、70、75、90mm）

F：ガスケース（特注）
キャラクターの絵柄入り（絵柄は10種類）

G：芯棒　長さが5種類
（45、50、55、60、75mm）

※フリント式：発火石とヤスリをこすり合わせることにより、点火させる方式のこと

図表3-8　ライターの製品仕様

［F：ガスケース（特注）10種類］×［G：芯棒5種類］＝4000通り存在する。

　この仕様を各ユニットでまとめていこう。点火方式はフリント式と電子式の2種類が存在するが、本書ではフリント式のみの場合を検討する。点火方式が1種類の場合は、特注を合わせると2000通りとなる。

　仕様把握で**図表3-9**のようにまとめてしまうと、バリエーションがきちんと把握できない状態に陥ってしまう。

　この内容で仕様の種類が分かったとしても、機能で分割したユニットごとでの仕様パターンが分からないため、モジュールの単位を検討することができず、モ

製品名	部品名	仕様種類数	仕様内容
ライター	カバー	2	メッシュ付き、無し
	アダプター	2	白色、黒色
	ケースカバーA	2	樹脂、金属
	ガスケース	5	60、65、70、75、90mm
	ガスケース（特注）	10	プリントされる絵柄が10種類
	開放レバー	1	
	点火ギア	1	
	回転ギア	1	
	石	1	
	送りばね	1	
	調整レバー	1	
	調整ギア	1	
	ノズルバネ	1	
	噴射ノズル	1	
	ノズルパッキンA	1	
	ノズルパッキンB	1	
	ノズルキャップ	1	
	結合配管	1	
	芯棒	5	45、50、55、60、75mm
	芯棒固定配管	1	
仕様組合せ数		2000	

図表3-9　仕様把握まとめ例（悪い例）

製品名	ユニット名	アセンブリ名	部品名	仕様種類数	仕様内容
ライター	点火ユニット	カバー類アセンブリ	カバー	2	メッシュ付き、無し
			アダプター	2	白色、黒色
		点火類アセンブリ	点火ギア	1	過去にシャフト径を変更した履歴有
			回転ギア	1	過去に穴径を変更した履歴有
			石	1	
			送りばね	1	
	燃料ユニット	カバー類アセンブリ	ケースカバーA	2	樹脂、金属
			ガスケース	5	60、65、70、75、90mm
			ガスケース（特注）	10	プリントされる絵柄が10種類
			開放レバー	1	
		燃料類アセンブリ	調整レバー	1	
			調整ギア	1	
			ノズルバネ	1	
			噴射ノズル	1	
			ノズルパッキンA	1	
			ノズルパッキンB	1	
			ノズルキャップ	1	
			結合配管	1	
			芯棒	5	45、50、55、60、75mm
			芯棒固定配管	1	
			仕様組合せ数	2000	

図表3-10　仕様把握まとめ例（良い例）

ジュール化の階層を検討することができない。部品単位で検討するのではなく、ユニットなど大きな機能単位で区分をしていこう。

E-BOM（Engineering-BOM（設計BOM））などに活用されている製品の構成に基づいて、製品仕様を調査していこう。**図表3-10**を見て理解できるポイントは、全ての製品組合せは2000通りだが、仮にアセンブリ単位で組み合わせることができれば、管理する種類は少なくて済むことだ。

①カバー類アセンブリ（点火ユニット）：4種類

②点火類アセンブリ：1種類

③カバー類アセンブリ（燃料ユニット）：100種類

④燃料類アセンブリ：5種類

　このように仕様を構成単位でまとめていくと、モジュールらしきものが視えてくるのだ。このような仕様のまとめをしながら、モジュールの階層を検討してみよう。

　次にモジュールの階層を具体的に検討してみよう。

(2) コア技術の棚卸と機能ばらしによるモジュール化階層の決定

モジュール化機能階層の定義

　システム、ユニット、アセンブリなど、どの単位をまとめてモジュールに設定するかを検討することである。

　第2章のP67で説明したが、モジュール化階層の内容を**図表3-11**で再度理解してほしい。

　全ての製品をバリエーションで管理する方法も存在するが、部品点数が少ない、もしくは単機能の製品においてのみ適用される考え方である。現在の製品は

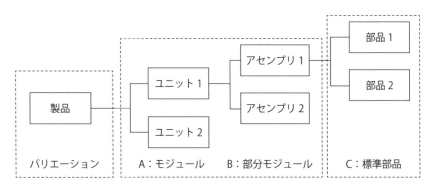

図表3-11　モジュール化階層のイメージ図

部品点数が増加、もしくは製品に求められる機能が多様化しており、製品のバリエーションのみで管理することは困難な状態である。本書のモジュラー設計のモジュール化階層については、3つの分類を行う。

A：モジュール

構成の中で製品の次の階層（ユニットレベル）でモジュール化する。各ユニットを独立可能な状態（他のユニットがないと機能が成立しないなどの、ユニット間の依存関係がない状態）にすることが可能であれば、モジュールを作成することができる。

B：部分モジュール

構成の中でユニットの次の階層（アセンブリレベル）でモジュール化する。先ほどのAのユニットレベルでのモジュール化が困難（バリエーションが多いなど）な場合に部分モジュール化を実施する。各アセンブリを独立的な状態にしておく必要がある。

C：標準部品

構成の中で最小単位（部品レベル）を標準化・共通化する。最小単位のモジュールと言っていいだろう。

どの階層で区分するかは、3つの考え方がある。

①機能階層（機能ばらし）

機能単位でまとめる。1つのモジュールには、必ず機能を持たせなければならないが、**会話3-5**のように、多くの機能を有した部品群をモジュールに設定すると、1つの製品をバリエーション管理するのと変わらなくなるため、注意が必要。そのような場合は、下位の階層である部分モジュール（アセンブリレベル）でモジュール化をするのが良い。

②依存関係

1つのモジュールの理想形は、独立してどのような製品にも使用可能であ

る状態。よって、モジュールに設定した場合、他のモジュールと切り離して使用できる状態が望ましい。

③バリエーション

1つのモジュールを設定したときに、バリエーション数が多いと、①の機能階層区分と同様に製品のバリエーション管理を行うのと変わらなくなってしまう。バリエーション数がある一定以上になる場合は、部分モジュールなどの下位の階層でのモジュールを選択する方が良い。

①の機能階層区分を検討しようとすると、「機能ばらし」という手法が必要となる。機能ばらしという手法によって作成されるのが、「機能系統図」と呼ばれる機能を体系的に表したツリー図である。

会話3-5

設計者
モジュールって、近接する部品の集合体としてはダメなのですか？ それが一番簡単だと思うんですけど……

モジュラーマン
ばかもの！ 近接する部品だからといって1つの機能を果たすためにある部品とは限らん！ 最も重要なのは、モジュールをどのような機能単位で分解するのかなのじゃ。この「機能」という言葉をよく覚えておきなさい

それでは、機能というのはどのようなことだろうか。実はこの機能という考え方は奥が深いため、正しく理解する必要がある。では、機能ばらしによる機能系統図を解説していこう。まずは機能ばらしの定義を示す。

> 定義
>
> 　製品コンセプトをより具体化し、製品の持つべき機能を考えること。
>
> 　製品がどのような機能を持つべきなのかを考える際に重要なポイントは、機能を目的と手段で分解していくことである。
>
> 　対象製品を取り上げて、その全てについて機能間のつながりの方式を決定しながら明確にし、設計仕様に至るまで機能のつながりを演繹的に展開していく。

では、機能系統図の詳細内容を解説していく。

A：対象製品の基本機能を明確にする

基本機能とは企画されたその製品の目的を果たすための第一の働きを言う。

> 基本機能例
>
> 冷蔵庫：食品を冷やす（製品目的：食品を保存する）
>
> ルームクーラー：室内の温度を下げる（製品目的：室内を快適な状態にする）
>
> ガスライター：炎を出す（製品目的：タバコに火をつける）

　近年では、基本機能のみでは差別化ができないため、顧客の潜在ニーズから付加価値をつけることがよくある。

　例えば、冷蔵庫の基本機能（製品目的）は、「食品を保存する」であるが、近年の冷蔵庫は「食品を長く保存する」という基本機能に変わってきている。この「長く」というのが、付加価値である。では、「長く」というのはどのように実現しているのだろうか。例えば、野菜室にイオンを噴射して、野菜の表面に付着した菌を除菌する。すると、除菌により、野菜の鮮度を保つことができ、野菜室内の雑菌を抑え清潔に保つことが可能となる。結果、「長く」食品を保存することができるようになるのだ。

　このように基本機能を中心にして、下位の機能を増やしていくことにより（冷蔵庫の事例であれば、「イオンを噴射する」である）、製品に付加価値が与えられ、競合との差別化や優位性を確保することが可能となる。

B：機能分野を明確にする

　図表3-12のように、基本機能の下位機能を頂点とした機能群を「機能分野」といい、これを明らかにする。

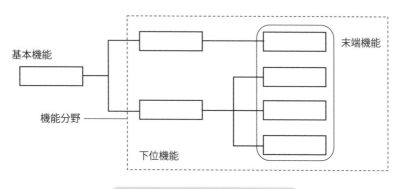

図表3-12　機能系統図イメージ

　また、末端機能と呼ばれる機能はこれ以上細分化できない機能として定義している。この末端機能は部品に置き換えることができ、製品に必要な部品を検討することが可能となる。

　本来、設計の在り方は「設計の基本原理」（第2章）で解説したように、機能を検討する必要がある。この機能を検討することにより、製品に必要な部品を設定することができるようになる。今の設計の在り方は流用設計であるため、いきなり部品から検討する設計者が多いが、流用設計であっても、流用元から変化する部分にどのような機能が必要かを検討した上で設計を進めていく必要があるのだ。

　設計を進めていくうえで、ひとまず製品に求められる機能を検討してみよう。そうすると必要な機能、不要な機能が抽出でき、洗練された製品を生み出すことが可能となるだろう。

C：上位機能と下位機能を明確化する

　上位機能と下位機能のつながりを**図表3-13**のような「目的と手段」の考え方により、明確にする。

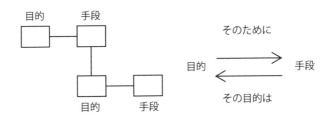

図表3-13　目的と手段の関係

　上位機能（目的）から下位機能（手段）を確認するためには、図表3-13のように「目的を達成するための手段」、その逆については、「手段の目的」を確認していく。

　基本機能・上位機能（目的）は、「何のために存在するのか」という対象の使用目的、存在理由、役割、使命のことを言う。目的を抽出するときに、「その製品がなかったらどう困るか」を考えるとおのずと目的が見えてくる。

　また、下位機能（手段）は、何をするのかという目的を果たすための手段、役割を果たすための対象が持つべき努め、または特有の性質を言う。手段を抽出するときは、「製品を見たまま表現する」ことにより、手段が見えてくる。

　事例として灰皿の基本機能（目的）と下位機能（手段）を考えてみよう（**図表3-14**）。

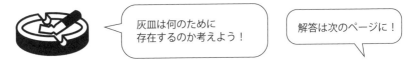

図表3-14　灰皿

〈解答欄〉

基本機能：

下位機能：

読者の皆さんは基本機能を出せただろうか？この灰皿の質問をすると多くの設計者は次のように答える。

「タバコを吸うため」

　しかし、灰皿がなくてもタバコは吸うことができる（タバコを吸うマナーを守らなければならないし、路上喫煙はもってのほかだが、一旦その問題はおいておく）。先ほども述べたように、灰皿がなく、タバコを吸ったらどうなるのかを想像してほしい。灰は地面に落ちるし、吸い殻を地面に捨てると、汚れてしまう。この状況を打開するために灰皿があると考えるとどうなるだろうか？　それが答えだ。

　「灰と吸い殻を周囲に散乱させない」ことにより、常にきれいな状態を保つことが可能となる。きれいな状態を保つ必要のない場合は、灰皿という製品が必要ない場合である。少し昔にはなるが、立ち飲みの居酒屋では灰皿がない店があった。灰と吸い殻を地面に捨てるのだ。店主に話を聞くと、「1人でやっているので、灰皿を片付け、洗う時間がない。灰と吸い殻は閉店後に清掃する。」と自信満々に話をしていた。地面をきれいに保つ必要がない場合であれば、合理的な考え方である。話を元に戻すが、製品というのは、環境などにより、目的や使い方が変わってくる。しっかりと機能の中の目的をとらえ、製品設計をしなければ、市場に受け入れてもらえないだろう。

　このように日常的に使用している製品でも、基本機能・上位機能に対して下位機能が存在する。その下位機能が持つ機能を実現する部品、材料を選定していき、設計していくこととなる。

　設計者は頭の中で自然と機能系統図を作成している。そうでなければ設計はできない。しかし、設計者の頭の中にだけ機能系統図があっても、承認者である管理者は分からない。

〈解答〉
基本機能：灰と吸い殻を周囲に散乱させない
下位機能：灰と吸い殻を貯える

また、機能と間違えて捉えられやすいのが性能である。筆者が様々な企業の設計者と議論をする中で、「そのフランジの機能は？」と質問すると、「○○kgまで耐えられるようにフランジを付けました」といわれることがある。「○○kgに耐えられる」ことが、フランジの機能だろうか？　答えは、NOである。それは「性能」である。では、機能と性能ではどのような違いがあるのだろうか？　自動車とカメラを事例に考えてみよう。

機能事例①　自動車
⇒走る、曲がる、止まる、つながる
機能事例②　カメラ
⇒動画が撮れる、写真が撮れる

これはどのようなことを意味しているのか。機能の定義は先ほど解説したが、簡単にまとめると、「ある物事（システム）に備わっている働きであり、製品が果たす役目、役割」のことを示す。

では、次に機能と混同しやすい性能はどうだろうか。

性能事例①　自動車
⇒燃費40km/L
性能事例②　カメラ
⇒画質300万画素

性能事例①で列挙した燃費というのは、機能である「走る」という能力の1つにしか過ぎない。よって、「走る」という機能の中で市場ニーズを捉えたときに、どこまで高めなければならないかを検討していく。それが性能だ。性能の定義は、「機械や道具の性質と能力。また、機械などが仕事をなしうる能力」のことである。

⇒機能の下位の概念で、機能を数値や指標に変換し、その能力を誰でも理解しやすいように定量的に表現したものである。最初のフランジの機能については、「○○を固定する」というのが機能の正しい表現であり、「○○kgまで耐えら

れる」というのは、固定するという機能の中でどこまでの性能が求められるかを定量的に示している言葉に過ぎない。この機能と性能を混同して使用しないように、しっかりと「機能」を理解し、機能系統図を作成してほしい。

D：必要機能以外を排除する

機能と一言で言っているが、その中でも**図表3-15**のように、多くの機能が存在する。様々な機能が存在する中で必要機能のみを残すことにより、設計品質の向上、コストダウンが可能となる。基本機能をとらえて下位機能を検討することにより、「機能分野ごとの機能のつながり」が明確になり、機能が細分化されたことで、それぞれの機能が必要かどうかの判断が可能となる。結果、無用機能、余剰機能、重複機能が排除され、必要機能、不足機能、創造機能が明らかとなる。

では、機能というのはどのような機能が存在するのか確認していこう。

機能名	内容
必要機能	本来製品に必要な機能
不足機能	本来必要にもかかわらず、今まで存在しなかった機能
創造機能	あればより大きな付加価値を生む機能（必要不可欠な機能ではない）
無用機能	それ自体が目的を果たしていない機能
余剰機能	従来からある機能だが、他の機能を付けたことにより、必要なくなった機能
重複機能	同じ機能を果たすために、装置、システム、ユニットや部品が2つ以上別々にある機能

図表3-15　機能一覧表

この中で設計者として抜け漏れがあってはいけない機能は、不足機能である。市場や顧客が求めているニーズに合致するためには、不足機能の抜けがあってはいけない。では、不足機能とはどのような内容だろうか。**図表3-16**で確認してみよう。

この画鋲（押しピン）には不足機能が1つだけ存在する。それはなんだろうか？

図表3-16　画鋲

〈解答欄〉
必要機能（基本機能）：紙類を壁などに固定する
不足機能：

　なかなか思いつかない読者の皆さんにヒントを与えよう。画鋲を使用するシーンを思い出してほしい。画鋲を使用しているときに最も困ることはなんだろうか。画鋲の使い方を考えれば、分かってくるだろう。画鋲を壁に押し付けることと、画鋲を抜くことである。もうここまで言えばわかるだろう。

　画鋲を抜くときに、壁と画鋲の隙間に爪を入れ、爪の力で画鋲を抜く。固いときは回しながら、何回も爪を差し直しなんとか抜ける状態である。これは、「画鋲を壁から取り除く、抜く」という機能が欠損しているのだ。今は画鋲に画鋲抜きが入っている、もしくは、**図表3-17**のような先端に持ち手がついている画鋲が主流になってきている。

　会話3-6のように顧客の使用環境などを観察し、現在の製品での不足機能がないか十分に調査をした上で、商品企画書や製作仕様書を作成していく必要がある。

〈解答〉
必要機能（基本機能）：紙類を壁などに固定する
不足機能：壁などから画鋲を抜く

図表3-17　画鋲

会話3-6

設計者
身近な製品でも重要な機能を持っているんですね。機能という視点で製品を見たことがなかったです

モジュラーマン
その通りだ。全ての製品に機能は存在しており、穴1つ、ボルト1つでも重要な機能を担っているのだ。機能を考えて設計していかなければならない

E：機能系統図からどのようなコア技術が使用されているか検討・確認する

　機能系統図が完成したら、その中にどのようなコア技術が含まれているか確認しよう。確認する理由としては、モジュールの階層を区分するときに、コア技術の内容を確認しないと、どの機能を切り分けることができるかが分からないからだ。本来、切り分けずにセットで使用しなければならない機能にもかかわらず、モジュール化する際に、設計のしやすさだけを考慮して切り分けてしまうと、そのコア技術が持っている性能が十分に発揮できない可能性がある。もしくは、機能不良を起こし、最悪の場合、不良やクレームが発生してしまうだろう。

　先ほどの自動車の機能系統図で説明していこう。「空気にタンブル流をつける」と「タンブル流に燃料を噴射する」というそれぞれの機能を切り分けてモジュールを設定した方がよいかというと、コア技術の観点から見ると切り分けてはいけない。タンブル流に向かって燃料を噴射しなければならないため、切り分けると、単に「燃料を噴射する」という技術になってしまい、空気と燃料が別々の設計になると、適切な混合気を生成することができなくなるだろう。すると、コア技術の重要な要素が実現できずに、目指す熱効率40％が実現できなくなってしまうだろう。噴射の角度が重要になるため、同じモジュールに設定しておかなけ

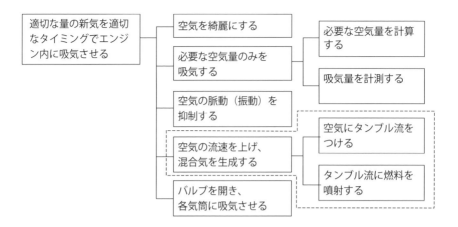

図表3-18 吸気系ユニットの機能系統図

ればならない。このように**図表3-18**のような機能系統図が完成したタイミング
で、それぞれの機能にコア技術がないか確認しておこう。

　それでは、A～Eを実現したライターの機能系統図を見てみよう（**図表3-19
ライターの機能系統図参照**）。

ポイント①　機能の切り分け

　ライターの機能の切り分けでは「燃料系」と「点火系」に区分させている。大き
な機能としては、「ガスを放出する」ことと「ガスに着火する」ことである。
この2つの機能が順々に実現していくことにより、基本機能である「炎を出す」
が実現可能となる。2階層目の機能がすべて実現すると、1階層目の機能が実現
する。自動車であれば、「快適、効率的に人・モノの移動が可能となる」という
基本機能に対し、「走る、曲がる、止まる、つながる」が第2階層目に来る機能
となる。まずは基本機能から大きな機能・製品の役割を考えて、細分化していく
と分かりやすいだろう。

ポイント②　末端機能と部品との整合性

　末端機能の検討完了後、本当に全ての機能が盛り込まれているのかを部品で確

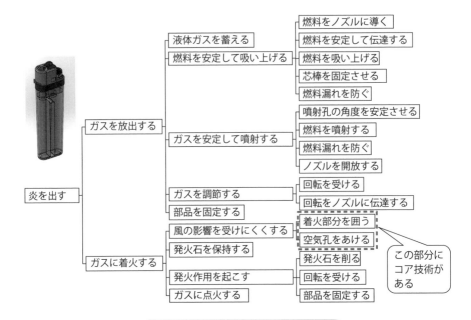

図表3-19　ライターの機能系統図

認してみよう。仕様把握の時にリスト化した部品と照らし合わせたときに、全ての部品の機能が織り込まれているのかを確認してほしい。しかし、部品を見ながら、機能系統図を作成してはいけない。理由は、部品のみを見ていると不足機能を見落とす可能性があるからだ。現在の製品の部品だからといって、市場で全ての顧客が満足しているとは限らない。市場と顧客ニーズを考えながら、機能系統図を作成してほしい。

ポイント③　コア技術の確認

コア技術の内容を確認してみよう。私が定義したコア技術は下記の通りである（コア技術の詳細内容については、バリエーション表の部分で解説する）。

①部品名：金属カバー（金属メッシュ構造）
②新技術内容
　・金属カバーの開口面積を拡大し、酸素供給率を向上。
　⇒結果、着火性能が向上し、着火ミスが低減。

・開口面積を拡大した背反として、異物混入確率が増加。

⇒開口部分に金属メッシュを追加することにより、着火性能が減少するような大きさの異物混入を防ぐ。

③開発時点で検討した内容

開口面積を12mm^{2}で検討したが、着火性能が想定していたよりも向上せず、さらに拡大し、18mm^{2}とした。

④新技術を活用した効果

燃料0.05gで101回の着火が実現。

⇒燃料が2gの場合は、約4000回の着火の実現が可能となる。

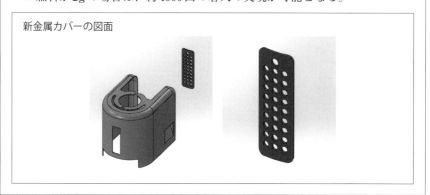

新金属カバーの図面

このようなコア技術がある場合、機能系統図（図表3-19）を確認する。点線で示した2つの機能である「着火部分を囲う」「空気孔をあける」の2つの機能があってコア技術が成立することを考えると、切り分けてはいけない。切り分けてはいけない条件を抽出し、モジュール化階層を決めていく。では、最終的なライターのモジュール化階層はどのようになるだろうか。確認してみよう（**図表3-20**参照）。

まずは、機能系統図から末端機能を部品名に置き換えてみよう。構成されるすべての部品がここで明確になる。既存の製品を参考にしながら、すべての部品が記入されているか確認していこう。

イメージを理解してもらうために、3DCADにて作成した部品一覧表に、機能系統図に記載されている内容をあてはめてみよう（ただし、コア技術の内容に関しては、今回の開発で検討した内容のため、まだ記載していない状態になってい

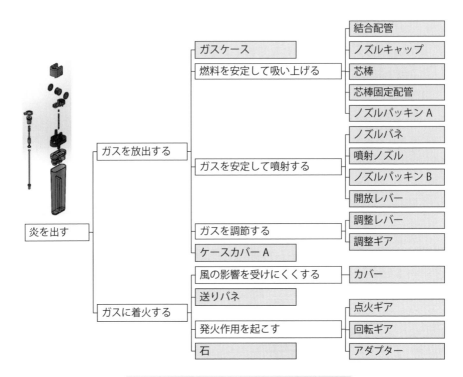

図表3-20　ライターの機能別の部品構成

る）。末端機能の「機能」がすべて網羅されているか確認する。1つでも機能が漏れていれば、機能の欠損に繋がり、大きな不具合を発生させてしまうからだ。

　ここまで作成すれば、次はどの階層をモジュールと設定するかを考えてみよう。先ほども解説したが、モジュールの階層を決めるにあたってはいくつかの考え方がある。

2)　モジュール化区分編

(1)　依存関係区分

A　機能階層（機能ばらし）

　機能単位でまとめる。1つのモジュールには、必ず機能を持たせなければなら

ないが、多くの機能を有した部品群をモジュールに設定すると、1つの製品をバリエーション管理するのと変わらなくなるため、注意が必要。そのような場合は、下位の階層である部分モジュール（アセンブリレベル）でモジュール化をするのが良い。

B　依存関係

1つのモジュールの理想形は、独立してどのような製品にも使用可能である状態。よって、モジュールに設定した場合、他のモジュールと切り離して、使用できる状態が望ましい。

C　バリエーション

仕様把握にて各部品の仕様内容を把握するため、その仕様がどのように変化するのかを4つの区分に分類する。固定部、変動部、選択部、個別部である。その区分からモジュールの階層を検討する。

また、1つのモジュールを設定したときに、バリエーション数が多いと、①の機能階層区分と同様に製品のバリエーション管理を行うのと変わらなくなってしまう。バリエーション数がある一定以上になる場合は、部分モジュールなどの下位の階層でのモジュールを選択する方が良い。もしくは、バリエーション数が多い部品を他のモジュールに移動するなどが必要となる。

このA〜Cを踏まえたうえで階層を検討する。Aは先ほど作成が完了しているため、Bの依存関係を見てみよう。依存関係は先ほども説明したように、「1つのモジュールの理想形は独立してどのような製品にも使用可能である状態」である。この内容を詳しく解説すると、「他のモジュールがないと、設定したモジュールの機能が実現できない」状態のことを言う。それが依存関係だ。

会話3-7のように、依存関係がある場合、設定したモジュール内で寸法を変更すると、依存関係にある寸法やインターフェースも変更しなければならず、モジュールが独立しない状態になってしまう。結果、もう一方のモジュールも一緒に検討しなければならず、他の製品への流用転用が難しい状況となってしまう。そうならないよう、依存関係に気をつけながら、モジュールの階層やモジュールの設定を行っていく。

では、ライターでは、どの部品に依存関係がありそうか、**図表3-21**で確認し

部番	①	②	③	④	⑤
部品名	カバー	アダプター	ケースカバーA	ガスケース	開放レバー
機能	着火部分を囲う空気孔をあける	部品を固定する	部品を固定する	液体ガスを蓄える	ノズルを開放する
材質	SPCC 3 価クロム	樹脂	樹脂・透明	樹脂・透明黄色	樹脂・黒色
数	1	1	1	1	1
姿図					

部番	⑥	⑦	⑧	⑨	⑩
部品名	点火ギア	回転ギア	石	送りバネ	調整レバー
機能	発火石を削る	回転を受ける	ガスに点火する	発火石を保持する	回転を受ける
材質	鋼	鋼	フリント	バネ鋼・ニッケルメッキ	樹脂・黒色
数	1	2	1	1	1
姿図					

部番	⑪	⑫	⑬	⑭	⑮
部品名	調整ギア	ノズルバネ	噴射ノズル	ノズルパッキンA	ノズルパッキンB
機能	回転をノズルに伝達する	ガスの放出を閉鎖する	燃料を噴射する	燃料漏れを防ぐ	燃料漏れを防ぐ
材質	樹脂・白色	バネ鋼・ニッケルメッキ	鋼・亜鉛メッキ	ゴム・黒色	ゴム・黒色
数	1	1	1	1	1
姿図					

部番	⑯	⑰	⑱	⑲	
部品名	ノズルキャップ	結合配管	芯棒	芯棒固定配管	
機能	燃料を安定して伝達する	燃料をノズルに導く	燃料を吸い上げる	芯棒を固定させる	
材質	ゴム・黒色	SWRM	樹脂・白色	SWRM	
数	1	1	1	1	
姿図					

図表3-21　部品一覧と機能の内容

会話3-7

設計者
依存関係という言葉自体初めて聞きました！ それぞれの部品の関係性のことを言っているのですよね

モジュラーマン
部品の関係性がまったくない製品というのはこの世の中に存在せん！ しかし、全ての部品が相互に関連性があるかというと、そうでもないのだ。依存関係で重要なのは、一方の部品を変更したら、紐づいて変更しなければならない部品は何かを見極めることだ

ていこう。

　例えば、点火ギアを見てほしい。点火ギアは**図表3-22**のような部品である。

　点火ギアは見てわかる通り、軸の真ん中に石（フリント）を削るための、「ギザギザ」がついている。このギザギザな面と石をこすり合わせることにより、火花が発生し、点火に至る。

　もちろん、接触しているだけでは火花が発生しないため、こするために「回転させる」という動作が必要となる。この「回転させる」という機能は、点火ギアだけでは実現できない。人間が点火ギアを回転させるための力を加えなければならない。そのために、点火ギアには、両端に**図表3-23**のような回転ギアという部品を取り付けなければならない。

　この回転ギアを取り付けるためには、点火ギアのシャフトの径と同様の径（もちろん、はめあい公差の設定は必要）を設定しなければならない。

　1つのモジュールの中に、点火ギアと回転ギアがあれば、点火ギアのシャフトの変更があったとすると、回転ギアの穴径も変更しなければならないことになる。もし、他のモジュールに回転ギアがあったらどうだろう。あるいは、他のモ

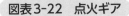
図表3-22　点火ギア

図表3-23　回転ギア

ジュールに回転ギアの設計者が、点火ギアのシャフト径の変更を知らなかったら
どうなるだろうか。必ず、製造段階で組立ができないなどの問題が発生するだろ
う。そうならないために、「依存関係」を導き出しておかなければならないのだ。

　ライターでいうと、「点火ギア」と「回転ギア」は依存関係にあるため、1つ
のモジュール内に構成しておかなければならない。また、他に依存関係はないだ
ろうか。部品構成表を確認していくと、**図表3-24**のアダプターは、気になる部
品である。

　アダプターの機能を見ていくと、「部品を固定する」という内容である。何を
固定しているのかというと、点火ギアのシャフトである。ということを考えれ
ば、シャフトの径が変更されれば、アダプターの穴径も同時に変更しなければな
らなくなる。よって、アダプターも依存関係にあるといっていいだろう。

　このように、各部品がどのような関係性を持っているのかを明確にしていく必
要がある。

　アダプターの図面を見て気になった読者は「設計者としての勘」が優れてい
る。そう、アダプターの真ん中に縦方向に穴が開いているのがわかるだろうか。

　この穴は、石（フリント）の先端が出ている部分である。石の外形寸法を変更
した場合には、このアダプターの変更も必要となるのだ。

　ライターは1つの塊となっているため、全ての部品が結合している。そのた
め、全ての部品に依存関係があるとなると、モジュール化をすることができなく
なる。多くの受注生産の企業でモジュール化や標準化に取り組んでいない詳細な
理由はここにある。顧客からどのような寸法変更依頼が来るか分からないといっ

図表3-24　アダプター

た理由（言い訳？）である。

　しかし、よく考えてみてほしい。ライターを手にして、石の大きさが大きいライターがほしいと訴える消費者はいるだろうか。よく考えて製品を選択している消費者でも「点火回数が多い方がよい」と思うぐらいだ。その結果から、石（フリント）はよほどのことが無い限り、寸法変更されないと考えるのが普通だろう。

　ここで、Cのバリエーション区分をBの依存関係部分と一緒に検討しなければならない。

　では、おさらいしておこう。バリエーション区分の4つの考え方を下記に示す。

A：固定部

　固定部というのは、モジュール内のアセンブリや部品の形状や寸法の変更をまったくしない区分のことである。

⇒標準化したアセンブリや部品は固定部に区分されることになる。

B：変動部

　変動部というのは、アセンブリや部品の形状や構造を変更しない区分のことである。寸法が複数種類存在し、その寸法に一定の規則性が存在しない場合は、変動部として設定し、寸法の上下限値以内の値を設定する。

C：選択部

　選択部というのは、形状や構造を変更しない区分のことである。寸法が複

数種類存在し、その寸法に一定の規則性が存在する場合は、選択部として寸法をバリエーション化する。材質や色違いなどのバリエーションがある場合もこの選択部となる。また、形状や構造が多少異なるアセンブリや部品でも、インターフェースが同じで、互換性があるものは選択部に区分される。

D：個別部

　個別部というのは、固定部、変動部、選択部に区分することができないユニットやアセンブリのことである。モジュール化では、基本的に全てのユニットやアセンブリを固定部、変動部、選択部に設定しなければならないが、顧客の特注仕様など、モジュールとして設定しておく意味がない（汎用性が非常に低いなど）場合に、個別部に設定する。

　石（フリント）は、製品により変更しないことが分かっているため、固定部に選択される。よって、アダプターの石（フリント）が入る穴の寸法を変更しなければ、アダプターとの依存関係がない状態となる。アダプターを設計する場合に設計禁止事項に「石（フリント）の穴寸法を変更しない」と加えた上であれば、石（フリント）はアダプターからは、独立することができるようになるのだ。このようにして、部品構成やそれぞれの依存関係を抽出していきながら、バリエーション区分を検討していく必要がある。

　それでは、ライターの依存関係区分とバリエーション区分を見て行こう。合計で5つに区分した。

---

①点火機能関係

　送りバネ、石（フリント）

②点火作用機能関係

　カバー、点火ギア、回転ギア、アダプター

③ガス蓄積機能関係

　ケース

④ガス移送機能関係

　結合配管、ノズルキャップ、芯棒、芯棒固定配管、ノズルパッキンＡ

⑤ガス噴射関係

　ノズルバネ、噴射ノズル、ノズルパッキンB、開放レバー、調整レバー、調整
ギア

　モジュール化は、本来、1つの機能を有する単位でまとめていくが、この依存
関係があるため、その機能を飛び越えて、モジュール階層を設定しても良いとし
ている。**図表3-25**で、具体的な内容を見て行こう。

　着火機能部分では、「風の影響を受けにくくする」と「発火作用を起こす」は
異なる機能だが、**図表3-26**のように、1つのモジュール区分とした。理由は、
カバーは、アダプターの大きさによって変わるため、アダプターに紐づけておか
なければならないためである。

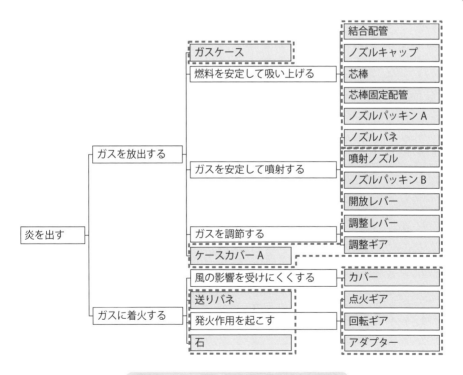

図表3-25　ライターのモジュール区分

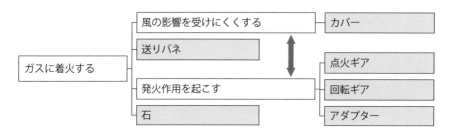

図表3-26　着火機能依存関係区分検討内

　そのようにまとめていくと、「ガスに着火する」の機能を実現するモジュール体系は**図表3-27**のようになる。

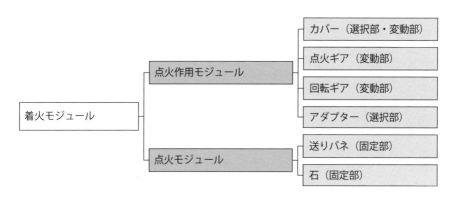

図表3-27　着火モジュール表

　ここで、モジュール体系化を終了するのではなく、**図表3-28**の通り、最初に確認した仕様把握のまとめの内容がすべて含まれているか確認してほしい。

　仕様種類があるのは、カバーとアダプターである。点火ギアのシャフト寸法については過去に変更した履歴があるが、現在の製品は同じ寸法としているということのため、種類は1つとしている。ここから、バリエーション区分が正しいか確認し、最終決定としよう。

　カバーについては、「メッシュ付き、無し」の選択部と、「点火ギアの寸法、外形寸法の変更」の変動部の2つが存在する。選択部の方は、カバーの大きさに

ユニット名	アセンブリ名	部品名	仕様種類数	仕様内容
点火ユニット	カバー類 アセンブリ	カバー	2	メッシュ付き、無し
		アダプター	2	白色、黒色
	点火類 アセンブリ	点火ギア	1	過去にシャフト径を変更した 履歴有
		回転ギア	1	過去に穴径を変更した履歴有
		石	1	
		送りばね	1	

図表3-28　点火ユニット仕様把握まとめ

よって穴位置やメッシュの有り無しが変わるわけではないため、単純に仕様を選択すればいいだけだが、変動部については、依存関係がある部品も存在するため、設計時に寸法を変更する場合には注意が必要だ。

　また、カバーを点火作用の1つのモジュール体系とすることにより、依存関係を含んだモジュールを作成することが可能となる。

　次に点火作用モジュールの依存関係区分とバリエーション区分の考え方を「ガスを放出する」の機能系統図にも展開し、モジュールを作成していくと**図表3-29**のようになる。まずはバリエーション区分を見ていこう。

　現在、仕様変更の可能性があるのは、ケースカバーAとガスケース、芯棒である。ガスケースの特注についてはプリントされる絵柄が異なるだけであるため、構造に影響を与えないとすると、ガスケースと芯棒の寸法種類に気をつけておけばよい。ただし、注意点は、仕様選択のタイミングでプリントされる絵柄を確実に選択できる状態にしなければならない。よくあるミスが、モジュール体系の中には入っていないが、異なる仕様（上記のようなシールや絵柄など）の選択を忘れて、そのまま出図してしまったというものである。モジュールを選択するときには影響はないが、仕様違いがある場合は注意が必要で、仕様選択の仕組みを構築しておかなければならない（仕様選択の仕組みについては後述する）。

　上記のバリエーションから、依存関係を含めて、モジュールにする階層を検討しよう。

　図表3-30は、先ほど、図表3-25で解説した全体の区分の中のガス放出機能で

ユニット名	アセンブリ名	部品名	仕様種類数	仕様内容
燃料ユニット	カバー類 アセンブリ	ケースカバーA	2	樹脂、金属
		ガスケース	5	60、65、70、75、90mm
		ガスケース（特注）	10	プリントされる絵柄が10種類
		開放レバー	1	
	燃料類 アセンブリ	調整レバー	1	
		調整ギア	1	
		ノズルバネ	1	
		噴射ノズル	1	
		ノズルパッキンA	1	
		ノズルパッキンB	1	
		ノズルキャップ	1	
		結合配管	1	
		芯棒	5	45、50、55、60、75mm
		芯棒固定配管	1	

図表3-29　燃料ユニット仕様把握まとめ

ある。大きく3つの区分として、「ガス噴射機能関係」「ガス移送機能関係」「ガス貯蔵機能関係」を設定した。それではそれぞれの内容を確認していこう。

Ⅰ：ガス噴射機能関係

　ガス噴射機能関係の中では、「ガスを安定して噴射する」と「ガスを調節する」と「部品を固定する」の3つの機能を1つにまとめている。それぞれに多く依存関係が存在するからだ。「ガスを安定して噴射する」については4つの部品がある。

　図表3-31を見ると、完全に依存関係があるのが分かる。それが1つでも欠ければ、「ガスを安定して噴射する」という機能の実現ができなくなってしまう。それぞれの部品の寸法などの変更に関わらず、1つの機能の実現のために集合している部品であるため、1つのモジュールに設定しておかなければならない。

　さらに「ガスを調節する」という機能も追加している。これは、調整ギアの中心に空いている穴に、噴射ノズルの先端が突き抜ける形で組み合わされる。よっ

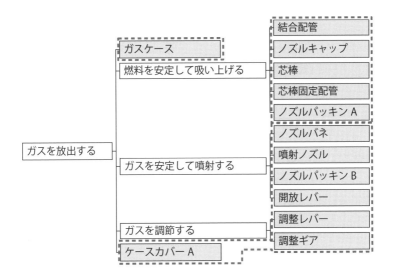

図表3-30　ガス放出機能依存関係区分検討

図表3-31　ガス噴射部品の関係図

て、将来的にノズルの先端形状や先端寸法が変更になった場合、調整ギアの穴寸法も一緒に変更しなければならない。ここで、検討しなければならないのは、「変更の可能性」である。点火モジュールでも説明したが、点火については、「点

火回数が多い」というニーズがあっても、石（フリント）が大きい製品が欲しいとは思わない。そのため、石（フリント）の変更の可能性は極めて低いだろう。もし、点火回数を増加させなければならないとなれば、石（フリント）の円寸法は同様にしたうえで、高さ方向のみ変更すれば、依存関係にある部品の変更をせずに、点火回数の増加は実現できるだろう。

今回の検討内容である噴射ノズルの変更の可能性だが、着火ミスによるガスの損失、ガスの大気中への放出のことを考えると、環境に与える影響は少なからず存在する。よって、環境対応のために、確実な着火の実現を可能とするような構造が求められる可能性は十分に存在する。ガスの量の適正化やガスの放出の仕方が変更になれば、同時に噴射ノズルの形状や大きさも変更になるだろう。このような背景から、「変更の可能性」を考えた上で、依存関係に着目してほしい。

噴射ノズルが変更になれば、回転ギアの穴寸法も変更しなければならない。

以上の理由から、噴射ノズルと回転ギアを変動部と設定しておき、将来の「変更の可能性」に対応できるようにしておく。そのため、異なる機能を持っている部品だが、1つのモジュールに設定しておく方が使用しやすいであろう。

また、同じようにケースカバーAも考えてみよう。

ガス噴射、調整の部品がすべてケースカバーAに取り付けられる。

図表3-32のように、「ガスを安定して噴射する」と「ガスを調整する」の機能を実現する部品がすべてケースカバーに取り付けられる。そのため、2つの機能を実現する部品と依存関係が強いため、同じモジュールの中に組み込んだ。

仕様については、樹脂と金属が存在するが、材料の違いのみであり、各寸法や構造はまったく同じである。一方、ケースカバーAは、ガスケースにも取り付けられる。もちろん、この2つの部品に依存関係は存在するが、ガスケースの開

口の寸法が変更されることは現在のところはない。将来的なことを考えた上でも、変更の可能性は少ない。現状のバリエーションはガスケースの高さ方向の寸法を変更することにより、ガスの充填量を変えて、顧客ニーズに対応している。よって、変更の可能性が少ないことから、ケースカバーAをガス噴射、調整の機能を持つ集合体にまとめることにした。

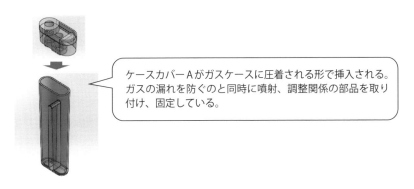

ケースカバーAがガスケースに圧着される形で挿入される。ガスの漏れを防ぐのと同時に噴射、調整関係の部品を取り付け、固定している。

図表3-32　ガスケースとケースカバーの関係

これらの考え方から、**図表3-33**のようなモジュールとした。

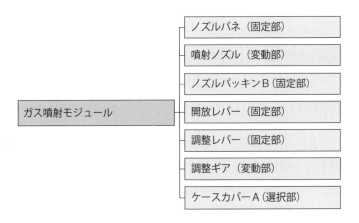

図表3-33　ガス噴射モジュール表

Ⅱ：ガス移送＆ガス貯蔵機能関係

　次にガス移送機能関係は、「燃料を安定して吸い上げる」という機能を実現する部品の集合体である。それぞれの部品の内容を見ていくと、燃料を吸い上げるためだけの部品ばかりだ。部品の全体構成図は**図表3-34**の通りである。

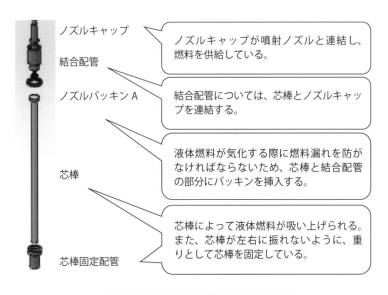

ノズルキャップ

結合配管

ノズルパッキンA

芯棒

芯棒固定配管

ノズルキャップが噴射ノズルと連結し、燃料を供給している。

結合配管については、芯棒とノズルキャップを連結する。

液体燃料が気化する際に燃料漏れを防がなければならないため、芯棒と結合配管の部分にパッキンを挿入する。

芯棒によって液体燃料が吸い上げられる。また、芯棒が左右に振れないように、重りとして芯棒を固定している。

図表3-34　ガス移送部品の関係図

　まずは仕様内容を確認していこう。燃料移送機能の部品については、芯棒の長さ寸法の種類のみであり、その他の部品の仕様違いは特に存在しない。ここで依存関係について注目すべきはノズルキャップである。先ほどのガス噴射モジュールで噴射ノズルが、環境対応により形状が変更される可能性があるということを説明した。そのため、噴射ノズルの形状が変更されれば、ノズルキャップも変更しなければならない。よって、ノズルキャップの強い依存関係は噴射ノズルであると定義できる。その依存関係を考えると、燃料移送機能の集合体にノズルキャップを含めていると、噴射ノズルが変更された場合に、ノズルキャップの変更がなされておらず、形状の不整合が発生してしまう。これではモジュールとして管理することができなくなる。そのため、機能は異なるものの、依存関係と変更の可能性の観点から、先ほど構築した「ガス噴射モジュール」の中に組み込む

ことが必要だ。

　ただし、その際に注意しなければならないのは、ノズルキャップと依存関係のある結合配管だ。噴射ノズルの形状が変更になっても、ノズルキャップの形状を自由に変えられてしまうと、結合配管との不整合がここでも発生してしまう。では、結合配管を「ガス噴射モジュール」の中に組み込むとどうなるだろうか。結合配管以下の部品全て「ガス噴射モジュール」に組み込まなければならず、1つのモジュールの中で管理する部品点数が多すぎる。よって、切り分けの方法として、**図表3-35**のように、形状＆寸法変更時の禁止ルールを作成しておく必要があるのだ。

形状＆寸法変更ルール（ノズルキャップ）

噴射ノズルに結合される先端部分（実線）については、形状や寸法を自由に変更しても良いが、結合配管に結合される部分（点線）の高さ、円寸法は変更してはいけない。

図表3-35　ノズルキャップの寸法変更ルール

　このように禁止ルールを設定しておけば、「ガス噴射モジュール」に組み込んで、ノズルキャップを変動部に設定した上で、設計変更したとしても、「形状＆寸法変更ルール」のおかげで、燃料移送関係の部品にはまったく影響がない状況となる。**会話3-8**のように、「依存関係による設計のルール設定」がモジュール化の中では非常に重要な要素となる。

　「ガス噴射モジュール」にノズルキャップを組み入れた修正内容を**図表3-36**に示す。

　そして、燃料移送機能関係の中でもう1つ仕様バリエーションで検討しなければならない内容がある。芯棒である。芯棒は5種類の選択肢が存在し、この中から製品の仕様に応じた内容を選択することとなる。ここで芯棒の依存関係を考えてほしい。

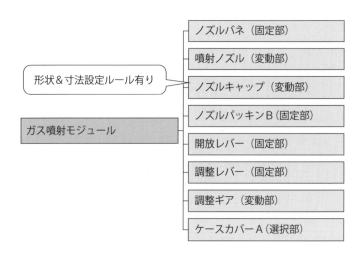

図表3-36　ガス噴射モジュール表（変更後）

会話3-8

設計者
設計に禁止ルールがあるなんて……。
自由に設計できないじゃないですか

モジュラーマン
ばかもの！設計というのは、自由に設計しては
いけないのだ。様々な制約条件の中で顧客ニー
ズに合致する製品を創造しなければならない。
一方で企業の利益も忘れてはいけない。
いくら顧客にとって良いものであったとしても、
赤字で企業が倒産してしまっては意味がない。
設計者は顧客ニーズと企業にとっての生産性の
両面を考えなければならないのだ

図表3-37　ガスケースと芯棒の構成図

　少し確認しにくいが、**図表3-37**ではガスケースの中に芯棒が入っており、ガスケースの底面ぎりぎりの芯棒が選択されている。

　具体的なクリアランスは、このライターの仕様では次のようになっている。

- ガスケース：高さ60mm
- 芯棒：長さ45mm

　他の製品の仕様を確認すると、ガスケースの長さに対して、15mm引いた長さに芯棒が設定されていることがわかった。この設定ルールがあるということは、芯棒はガスケースと依存関係にある上に、ガスケースの長さが決められれば、芯棒の長さも自動的に設定されるということである。あとは、どの階層をモジュールに設定するかのみを検討すればいい。では、燃料移送機能と貯蔵機能の部分を取り出し、**図表3-38**で確認していこう。

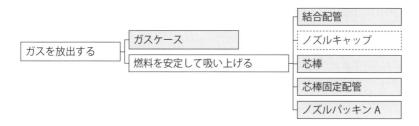

図表3-38　燃料移送＆貯蔵機能関係

ノズルキャップは先ほど解説したように、「ガス噴射モジュール」に移動したため、点線としている。ガスケースのみが、上位階層にあり、独立している状態となっているが、先ほどの芯棒との依存関係を考えると、下の階層の集合体に組み込むべきである。ここでもそれぞれの機能として、「移送」と「貯蔵」が混在してしまうが、依存関係、バリエーション区分を考えると、**図表3-39**のように同じ集合体に組み入れた方が運用しやすくなる。

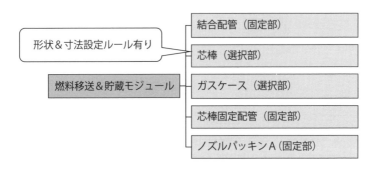

図表3-39　燃料移送＆貯蔵モジュール

　最後に芯棒とガスケースの設定ルールを**図表3-40**で明確にしておこう。

形状＆寸法変更ルール（芯棒）

ガスケースの高さ寸法に対して、15mm引いた芯棒を設定すること。ガスケースに対して、芯棒が長すぎると、ガスケースの底面に接触し、芯棒が曲がることにより、根詰まりを起こす可能性がある。

図表3-40　ガスケース形状＆寸法変更ルール

　このように形状＆寸法変更ルールを明確にすることにより、誰が設計したとしても同じ品質の製品を設計することが可能となる。

（2）モジュール表

　それでは、**会話3-9**の通り、今まで検討した全体のモジュール表を**図表3-41**で確認してみよう。

　着火モジュールの部分を確認してほしい。「ガス噴射モジュール」と「燃料移送＆貯蔵モジュール」を「ライターモジュール」の次の階層にしているのに対して、「点火作用モジュール」と「点火モジュール」については、「着火モジュール」にまとめている。点火モジュールについては、送りバネと石（フリント）が"固定部"に区分されている。固定部であるため、形状や寸法の変更がない。したがって、点火作用モジュールの中に組み込むことも可能だ（**図表3-42**参照）。

　ただし、組み込むことによるデメリットがある。「点火作用モジュール」の図面が変更されれば、組み込んだ点火モジュールの図面も変更されて提出されることになる。要は図面番号が変更となるのだ。点火モジュールの部品自体に変更はないが、点火作用モジュールの部品に変更があるため、図面番号が変更となる。設計している最中は特に問題はないが、次に開発するときに過去の図面を参考にしながら設計しようと思うと、図面番号が変更されているため、どの部分が変更

会話3-9

> **設計者**
> いままで検討したモジュールを繋ぎ合わせるだけではないのですか？

> **モジュラーマン**
> もちろん、組み合わせるだけでも問題はないこともある。ライターの場合は部品点数が少ないため、各モジュールを検討している段階で、モジュールの統合も検討可能だ。しかし、自動車のように部品点数が多い製品については、なかなかそうはいかないだろう。そのため、最終段階で再度確認が必要となるのだ

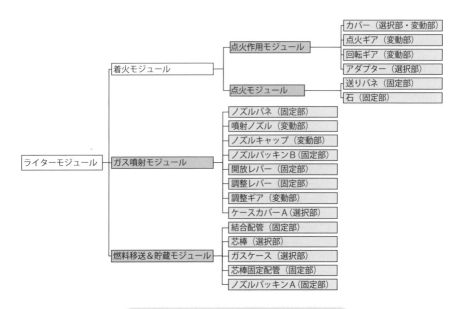

図表3-41　ライター全体モジュール表

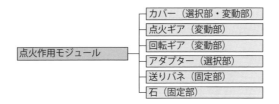

図表3-42　ライター全体モジュール（点火モジュールまとめ）

されているのか調査する必要がある。結果、例えば点火ギアが変更されているが、他の部品も変更されていないか確認する必要が出てくる。現在はPDM（Product Data Management）の機能により、変更履歴も含めて、簡単に確認することができるようになっているので、デメリットではなくなっているかもしれないが、PDMをまだうまく運用できていない企業は、モジュール化により、このようなデメリットも発生することを理解しておく必要がある。

　図表3-43のようにモジュール表が完成したら、次はバリエーション表を作成しよう。

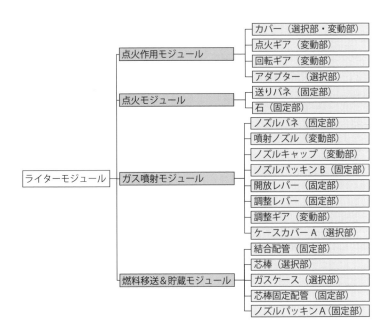

図表3-43　ライター全体モジュール表（着火モジュール無し）

(3) バリエーション表

　バリエーション表の定義から解説していこう。

選択部、変動部の設計条件の設定内容を明確にすることにより、誰でも簡単に設計を可能とする表のこと。

　モジュールでB：依存関係区分、C：バリエーション区分を検討する中で、様々な設計の選択肢を検討してきた。その内容をまとめて、誰でもわかりやすく、使用しやすい状態に設定することである。

　バリエーション表に記載するべき項目を解説しよう。**図表3-44**のように製品名、モジュール名、部分モジュール名、部品名、区分、バリエーション、設計ルールの合計7つの項目に分類する。

A. 製品名：カタログなどに記載されている正式な製品名

製品名	モジュール名	部分モジュール名	部品名	区分	バリエーション	設計ルール
ライター	着火モジュール	点火作用モジュール	カバー	選択部	メッシュ有り・無し	点火回数が4000回以上必要な場合はメッシュ有りを選択する
			点火ギア	変動部	外形寸法の変更	アダプターと同じ外形寸法に設定
			回転ギア	変動部	シャフト径の変更	石を変更しない限り変更なし
			アダプター	変動部	穴径の変更	シャフト径と同じ穴径とする（はめあい公差は同じ）
		点火モジュール	送りバネ	選択部	穴径の変更	シャフト径と同じ穴径とする（はめあい公差は同じ）
			石	固定部		
	ガス噴射モジュール		ノズルバネ	固定部		
			噴射ノズル	変動部	ノズル部分の寸法変更	噴射量に比例した噴射径、ノズル長とする
			ノズルキャップ	変動部	先端部分の寸法変更	ノズルの後端と同じ寸法とする。結合配管と接続する部分は変更禁止
			ノズルパッキンB	固定部		
			開放レバー	固定部		
			調節レバー	固定部		
			調節ギア	変動部	穴径の変更	ノズル径と同じ寸法とする（はめあい公差は同じ）
			ケースカバーA	選択部	樹脂・金属	仕様選択のみ（顧客要求によって変更する）。基本的には樹脂とする。
	燃料移送＆貯蔵モジュール		結合配管	固定部		
			芯棒	選択部	45, 50, 55, 60, 75mm	ガスケース－15mmで設定する
			ガスケース	選択部	60, 65, 70, 75, 90mm	製品企画の目標点火回数から必要燃料量を算出し、ガスケースを選択する
			芯棒固定配管	固定部		
			ノズルパッキンA	固定部		

図表3-44 バリエーション表

B. モジュール名：モジュールを検討していくときに記載した名称。名称を見るだけで、機能が分かる状態にする必要がある（部品の内容を確認しないと分からない状態ではNG。誰でも見てわかる状態が望ましい）。

C. 部分モジュール名：モジュールから1つ下の階層のモジュール名。名称のつけ方はモジュール名と同様。

D. 部品名：図面に記載されている正式な部品名

E. 区分：固定部、選択部、変動部、個別部の4つのうちから選択する。

F. バリエーション：選択部、変動部での仕様違いの内容を具体的に記載する。特に変動部については、どこの寸法を変更するか記載する。

G. 設計ルール：バリエーションに基づき、仕様選択の考え方や寸法変更のルールを具体的に記載する。

　図表3-43のうち、まだ読者には説明していない部分がある。カバーの部分の考え方である。メッシュ有り・無しの仕様選択の理由として、「点火回数が4000回以上必要な場合はメッシュ有りを選択する」と記載してある。点火回数の増加が必要な場合、燃料量を増加させる、もしくは燃費性能を向上させるしかない。燃料量を増加させると全体重量も重くなる上に、大きなコストアップとなってしまう。その結果、後者の手段を検討するしかないのだ。

　では、どのような開発内容になっているのか確認をしてみよう。

　燃費性能向上のためには、少ない燃料量でも着火を可能としなければならない。よって、空気が入っておらず、燃焼できていなかった着火ミスを軽減する必要がある。そのためには、「金属カバーの開口面積を拡大する」必要がある。開口面積を拡大することにより、空気を入りやすくし、少ない燃料でも着火を可能とし、燃費を向上させる。目標は設計仕様書でもあったように着火4000回の実現（現行は金属カバーに空気口が空いていない）である。

　まずは、金属カバーを手加工し、開口面積を変化させたライターで試作評価を行う。燃料量は0.05gとし、燃料の材質は、現行と同じブタンを使用する。4000回評価すると時間がかかるため、100回評価する。

バネ種類	写真	評価結果
目標	—	燃料0.05gで約100回着火可能。
現行		燃料0.05gで約75回着火可能。
金属カバーA		燃料0.05gで約60回着火可能。 ⇒開口面積を拡大しすぎたことによる着火不良発生。
金属カバーB		燃料0.05gで約80回着火可能。 ⇒開口面積の拡大量が小さいことにより、着火性能微増。
金属カバーC		燃料0.05gで約101回着火可能。 ⇒適正な開口面積。この開口面積になるよう試作する。

図表3-45　金属カバー評価結果（写真はイメージ図）

　試作品にて開口面積を広げた数種類の製品を準備し、試作評価する。

⇒開口面積を拡大した場合の着火性能についての評価ノウハウがないため、着火性能が向上するであろう金属カバーを選定し、評価を行う。試作評価の結果、**図表3-45**の通り金属カバーCが最も目標に近い。

⇒試作評価の際、着火ミスも存在しているため、金属カバーCでも着火性能が向上すれば、目標に到達可能と判断する。金属カバーCの開口面積は18mm^2

　また、開口面積を拡大すると、異物混入率が増加してしまう。開口部分に耐熱性の高い金属のメッシュを取り付けることにより、異物混入を防ぐ。

　上記のような開発経緯から123頁のコア技術内容の記載と共に、金属メッシュ

仕様を選択する場合の理由を開発経緯から明確にし、バリエーション表に記載する必要がある。

3）モジュール化ルール編

（1）モジュールのアップデートの考え方

　製品企画書もしくは設計仕様書などの設計インプット情報と、前述で解説したモジュール表、バリエーション表から、製品の仕様を確定させ、選択部、変動部のルールに従い、図面を準備していく。モジュールを作成したタイミングでは、最新仕様がモジュール表やバリエーション表に反映されているため、設計インプット情報を元に選択することができるようになるが、環境変化や顧客ニーズの多様化により、**会話3-10**のように、モジュール表から選択できない仕様が発生してくるだろう。そのようなときは、バリエーション関係区分で解説した「個別部」に設定し、新たな構造や形状を作成していくことになる。

会話3-10

設計者
今のモジュール表、バリエーション表は必要な仕様が入っていないため、使用できません！　過去の製品を流用して設計しようと思いますが、いいですか？

モジュラーマン
その設計方法（流用設計）で設計してしまうと元の設計の仕組みに戻ってしまう。どの企業でも起こっているのは、先人達が作った標準機、モジュールを使用できないからといって、安易な設計方法をとってしまうことだ。再度、モジュールを見直し、使える状態にしなければならない

前述で解説したライターの場合もそうである。開口面積を拡大した理由は、着火性能を向上させるためであり、その顧客ニーズは、より多くの点火回数が求められていたからである。今までのライターは点火回数が多いことを謳い文句に販売されていたことはないが、競合他社が多くの異なる仕様のライターを販売してきたことにより、より顧客に受け入れられるライターの開発が必要になったのだ。そのライターを開発し、今後も同じニーズが発生すると考えられるため、今までのモジュール表、バリエーション表に、新たな仕様を追加したのである。

モジュール表、バリエーション表は世の中の環境変化に合わせて常にアップデートをしなければ、陳腐化してしまい、元の流用設計のやり方に戻ってしまう。リソースをかけ、作成したモジュラー設計の仕組みをどのような環境下でも使用できるようにアップデートしていこう。

アップデートの仕組みを先ほどのライターの事例を元に解説していこう。

(2) アップデートに必要な仕組み

モジュール表、バリエーション表をアップデートしようとすると、「個別部」にて設計した内容が、今後、設計する製品に必要かどうかを判断する必要がある。受注生産の企業であれば、ある特定の顧客のみに必要な仕様か、他の顧客にも展開するべき仕様かを見極める必要があるのだ。

流用設計で**会話3-11**のような会話をしている上司と設計者に出くわしたことはないだろうか。

このような問題はどこの企業でも起こっている。この会話には大きく3つ問題点がある。

A：そもそも過去の製品仕様も含めて、モジュールを作成していない。

B：機能を削除するために多大な工数が必要ということは、機能単位に区分しながら、依存関係を見極めて、各ユニットやアセンブリを構築していない。

C：過去の製品をベースに仕様をアップデートできていない。

流用設計でもモジュラー設計でもこの問題は同じであり、今の時代に必要な仕様を都度アップデートしていかなければ、次の設計に活用することができなくな

会話3-11

設計者
この仕様は、A社さんのみに展開している仕様です。そのため、B社さんの設計をする場合にはそのaという機能を追加しなければなりません

上司（設計課長）
aという機能を追加しなければならないのであれば、B社さんの過去の製品を流用した方が早いだろう

設計者
B社さんの過去の製品は10年以上前の製品のため、設定されている機器ももう購入できませんし、過去の不具合対策も入っていません……

上司（設計課長）
しかたがない。A社さんの製品をベースにa機能を追加して設計しよう。設計リードタイムが長くなってしまうが、いたしかたないだろう

る。それでは、問題点を読者と共有できたところで、アップデートに必要な仕組みを解説していこう（モジュール化全体の詳細プロセスは第5章で解説する）。

アップデートを行うためには、**図表3-46**の①～③のように、新しい製品を設計するタイミングで、モジュールに設定されている仕様のことを意識しながら、新規ユニット、部品を設計しなければならない。設計段階でモジュールを意識し

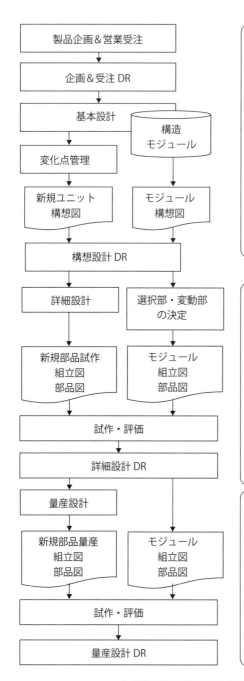

仕組みポイント①

　新規ユニット構造を検討するタイミングで、新規ユニットとモジュールで設定されているユニットのインターフェースを合わせる。その際に、今回開発する製品のみの仕様のインターフェースを合わせるのではなく、モジュールで設定されている他の仕様も一緒にインターフェースを検討しなければならない。

仕組みポイント②

　ポイント①と同じように、新規部品の詳細設計中に今回の開発の製品以外の仕様でもインターフェースを合わせることを検討しなければならない。

　どうしても他の仕様とインターフェースが合致しない場合、モジュールの方を変更しなければならない。変更しなければならない旨を文書に残し、まずは設計を進めていく。

仕組みポイント③

　量産品の場合、製品のばらつきを検証しなければならない。モジュールで設定されている仕様で確認したばらつきの予測数量よりも、今回の製品の予測数量が下回る場合、モジュールに組み込むことを考えると、モジュールで設定されている仕様の数量のばらつきで確認しなければならない。

図表3-46　モジュール活用設計プロセス

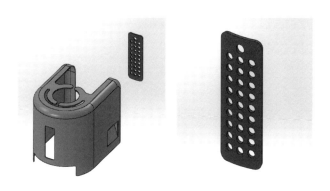

図表3-47　金属メッシュ構造

ながら検討しなければ、製品設計が終了した後、モジュールにアップデートしようと思っても、インターフェースが合わず、アップデートできなくなってしまうのだ。具体的に前述で解説したライターで検証してみよう。

　図表3-47のように、カバーに空気が入り込む開口部に、異物混入を防ぐ金属メッシュを新たな構造として設計した。カバーの開口する場所は今回の設計で設定したが、カバー自体が変動部であるため、高さが低くなれば、開口部がカバーの上部と接触し、不整合が発生する。また、金属メッシュも同一の考え方で、カバーの高さが低くなれば、上部に接触してしまうだろう。そうならないように、今回の場合であれば、カバーの変動部に対して、設計ルール（禁止事項）を追加する必要がある。この禁止事項を、詳細設計のタイミングで一緒に検討することにより、アップデートがしやすくなるだろう。今回のライターの場合、モジュールの中の部品の構造まで変更しなくとも成立するが、場合によっては、新規ユニットを追加するために構造を見直したり、新たな部品を追加しなければならない。

(3) 製品設計後のアップデートプロセス

　製品設計後のアップデートプロセスとは（設計段階では、アップデート可能な状態）、製造部門からの意見も抽出しながら、最終的にモジュールへ意見を反映することである。製造段階で様々な意見がないだろうか。

• 「この部品が組付けにくい」

151

- 「前の製品の組付けの順番を変更しなければならない」
- 「追加の加工が必要だ」

　このように、製品は機能や性能のみよければいいわけではない。生産性も重要であり、作りにくく、生産性が低いものは、企業にとっては利益が出ない状態になってしまう。このような点も解決すべく、モジュールに反映しておかなければならないのだ。それでは、**図表3-48**に、製品設計後のアップデートプロセスの概要を解説していこう（詳細プロセスについては第5章で解説する）。

　上記のプロセスのように、量産DRが終了すれば、設計の仕事が完了ではない。設計段階で、本来実施したかったこと、今後のためにこのような形状、構造にした方がよいなどを設計グループで議論をする場である、開発の振り返り会を実施しなければならない。この振り返り会を実施するタイミングは、量産DR終

会話 3-12

製造者（若手）
金属メッシュを取り付けるために、接着剤を使用していたが、取り付けるために治具を製作し、生産性を向上させた！

設計者
（治具を使用したとしても接着剤を塗り付けるにはある程度の習熟度が必要になるな……）

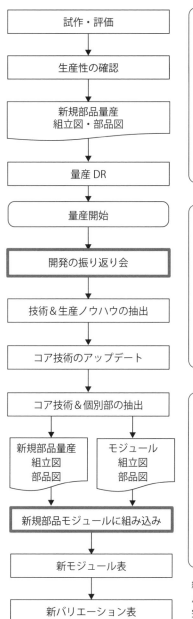

仕組みポイント①

生産性の確認を量産 DR までに実施する。前述でも説明したように量産を開始してからでは、図面の修正はほぼできない（できたとしても誤記修正程度）。生産技術などの製造部門の工程設計をする部門に図面を確認してもらいながら、現状のモジュールと新規設計部分の生産性が成立するか確認をする。

仕組みポイント②

量産開始後、開発の振り返り会を行う。振り返り会で、次の開発で実施したいこと、変更したい部分などを話し合う。また、生産ノウハウについて抽出を行いながら、コア技術を抽出する。その中から設計の内容で変更した方が良い部分を検討していく。

仕組みポイント③

設計変更した方がよい部分について、図面修正を行う。その図面修正内容については、今回の製品への反映タイミングも一緒に検討しなければならない（受注生産品であれば、次期受注製品になる）。
図面修正を含め、新規部品をモジュールに組み込んでいく。

組み込んだ結果のモジュール表、バリエーション表も修正し、完了となる。

図表3-48　モジュールアップデートプロセス

了後、できるだけ早く実施するべきである。時間があけばあくほど、その製品を設計しているときの問題点や課題などを忘れて、他の製品の設計を開始してしまうからだ。

　開発の振り返り会には、設計グループだけではなく、製造部門も参加しなければならない。製造部門からは、製造時の課題などを設計に反映させるための意見と、製造時のノウハウを抽出する。**会話3-12**のように、製造時のノウハウから設計の構造として、このようにするべきという内容が考えられる。その結果をモジュールに反映しなければならないのだ。この事例をライターで見てみよう。

　設計者は製造者の意見から、金属メッシュをワンタッチで取り付けられる方法を検討した。具体的には、金属メッシュに突起物をつけ、カバーの方にはその突起物を取り付けるための穴をあける。このようにすれば、生産性が大幅に向上する。その後検討するべきことは、構造変更した場合のコストアップ金額と生産性向上によるコストダウン金額がどのようになるかである。コストダウン金額の方が大きければ採用するということになる。特に生産部門にある程度の習熟度が必要なものについては、設計でできるだけ解決してあげなければならない。

　前述のように生産のコア技術を抽出しながら、設計に反映するべき内容を検討したら、最新の図面を作成し、モジュール表、バリエーション表を完成させる。

　最後の仕組みポイント③については、設計開発終了の都度実施しなければならないわけではなく、モジュールに反映させるタイミングを定期的に決めておいてもよい。設計のリードタイムが短い製品については、都度モジュールに反映するのは困難であり、半年ごともしくは1年ごとのように反映させるタイミングを決めておくことが必要だろう。

　また、誰がモジュールへの反映を実施するかも問題になる。製品の設計者がモジュールへの反映をすべて実施できるかというと、日常業務の負荷を考えると困難である。多くの企業は、モジュールに反映させる部門を設置している。標準化や共通化などを検討している部門がモジュールの管理を含めて検討した方が効率が良くなる。設計者は製品設計に注力し、モジュールを意識しながら構造を設計していき、その内容を含めてモジュールへの反映の仕方を標準部門が担うという組織体制がもっとも一般的である。

4 第3章まとめ【モジュラー設計】

1. モジュラー設計の時代の変遷

　自動車メーカーで、「組み合わせ部分を増加させ、開発のリードタイムを大幅に短縮させる！」ことを目的に実践されている手法である。重要なのは開発のリードタイム短縮ではなく、設計の擦り合わせ部分に設計のリソースを注力させることで、さらに価値の高い製品の創造を可能にすることである。

2. モジュラー設計の全体図とポリシー

1) モジュラー設計全体図

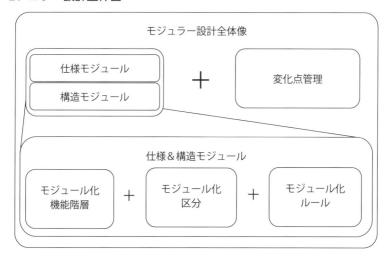

2) モジュラー設計ポリシー

　顧客のニーズに合わせて新規に部品を作るのではなく、既存の部品を組み合わせることで顧客のニーズにあった製品を作り上げる！ ことである。

3) 強いモジュールを構築するためのコア技術

(1) コア技術の必要性

コア技術を視える化することにより、製品構造の変えてはいけない部分と変えていい部分の見極めが可能となる。さらにその部分をモジュール化することにより、誰でもコア技術の正しい活用が可能となる。

(2) コア技術の定義

製品の中で最も重要な機能や性能を実現するための「核」となる技術のこと。コア技術により、競合他社との差別化や市場での優位性を確保することが可能となる。

(3) コア技術の体系化

コア技術項目（要素技術、構造技術、制御技術、材料技術、評価技術、生産技術）を元にコア技術マトリクスにまとめていく。各コア技術項目の抽出は、「機能体系図」を元に、機能を中心に抽出する必要がある。

(4) コア技術の詳細内容

コア技術の詳細内容は、その技術詳細内容を記載することはもちろんだが、その技術を使用した成果、開発した時の評価内容、苦労したポイントなどを記載していく。

3. モジュール化の進め方

1）モジュール化機能階層

モジュール化機能階層

| 仕様把握 | コア技術の棚卸 | 機能ばらし |

モジュール化機能の決定

モジュール化機能階層の定義

システム、ユニット、アセンブリなどのどの単位をまとめてモジュールに設定するかを検討することである。

⇒この内容を仕様把握、コア技術、機能ばらしから決定する。

2) モジュール化区分

(1) モジュール化区分

機能階層区分	依存関係区分	バリエーション区分

A 機能階層（機能ばらし）

機能単位でまとめる。1つのモジュールには、必ず機能を持たせなければならないが、多くの機能を有した部品群をモジュールに設定すると、1つの製品をバリエーション管理するのと変わらなくなるため、注意が必要。そのような場合は、下位の階層である部分モジュール（アセンブリレベル）でモジュール化をするのが良い。

B 依存関係

1つのモジュールの理想形は、独立してどのような製品にも使用可能である状態。よって、モジュールに設定した場合、他のモジュールと切り離して、使用できる状態が望ましい。

C バリエーション

仕様把握にて各部品の仕様内容を把握したため、その仕様がどのように変化するのかを4つの区分に分類する。固定部、変動部、選択部、個別部である。その区分からモジュールの階層を検討する。また、1つのモジュールを設定したときに、バリエーション数が多いと、①の機能階層区分と同様に製品のバリエーション管理を行うのと変わらなくなってしまう。バリエーション数がある一定以上になる場合は、部分モジュールなどの下位の階層でのモジュールを選択する方が良い。もしくは、バリエーション数が多い部品を他のモジュールに移動するなどが必要となる。

(2) モジュール表

　各ユニットで検討したモジュールを階層で区分していく。ここで検討するべきは各ユニットで検討した階層が正しいかどうかである。依存関係、バリエーション関係から2つのモジュールを1つにまとめた方がわかりやすい場合もあれば、さらにモジュールを分割した方がよい場合もある。モジュール全体像から、機能関係、依存関係、バリエーション関係から検討する。

(3) バリエーション表

　選択部、変動部の設計条件の設定内容を明確にすることにより、誰でも簡単に設計を可能とすることを念頭に置きながら、依存関係、バリエーション区分で検討した選択肢、設計ルールをバリエーション表にまとめる。

3) モジュール化ルール

　モジュールを作成したタイミングでは、最新仕様がモジュール表やバリエーション表に反映されているため、設計インプット情報を元に選択することができるようになるが、環境変化や顧客ニーズの多様化により、モジュール表から選択できない仕様が発生してくるだろう。そのようなときは、バリエーション関係区分で解説した「個別部」に設定し、新たな構造や形状を作成していくことになる。モジュール表、バリエーション表は常に世の中の環境変化に合わせてアップデートをしなければ、陳腐化してしまい、元の流用設計のやり方に戻ってしまう。リソースをかけ、作成したモジュラー設計の仕組みをどのような環境下でも使用できるようにアップデートする。

ちょっと雑談
設計段階でのすり合わせと大部屋

　自動車のように部品点数が2万～3万点のような製品の場合には、多くの設計者が携わる。また、設計者だけではなく、商品企画や営業、生産技術、購買など、1つの製品を完成させるために様々な部門が関連する。その結果、多くの部品の整合性をとることができ、顧客ニーズを満足する製品が完成する。このように多くの人が携わる製品には、設計段階での擦り合わせの仕組みが重要となる。擦り合わせといっても、各社で様々な仕組みが存在し、また、多くの品質ツール（DRなど）により、問題を未然に防止する仕組みもあるだろう。しかし、設計の擦り合わせで最も重要なのは、コミュニケーションである。設計者同士がFace to Faceでコミュニケーションを行うことにより、各ユニットや部品の情報を共有しながら擦り合わせができるだけではなく、様々な議論をすることにより、新しい創造的なアイデアが生まれるのだ。少ない部品点数の製品であっても、設計は1人でするものではなく、多くの人と関わりながら、顧客ニーズを満足させる製品を創造しなければならない。

　よって、コミュニケーションが最も重要な仕組みの1つではあるが、多くの企業では、設計者が孤立して、黙々と設計を実施しているような状況である。そのような状況であってはいけない。

　トヨタの管理者の思想の中で次のような言葉がある。

「離れ小島をつくるな、一人の輪の成功の法則」
「距離の遠さは心の遠さ」⇒和の大部屋
「現場に「熱」が生まれる」⇒人と人のつながりをよくする

　このような言葉からも、大部屋を取り入れていることが分かる。大部屋を実施する活動として、プロジェクトマネージャーによる「大部屋活動」

がある。設計部門から購買部門、製造部門を1つの大きな部屋に一堂に集め、情報共有を実施しながら、その場ですぐに方針を決め、設計を進めて行く。このような活動により、手戻りが最小限となる。

　特に仕組みやルールなどは存在せず、1つの製品に関わるメンバーを1つの部屋に集めて、仕事を進めるだけである。また、設計者同時もコミュニケーションが取りやすいようにパーテーションなどをすべて取り払い、黙々と図面に向き合うのではなく、様々な分野の設計者と相談しながら進めて行く。このやり方により、設計者のコミュニケーションがよくなるだけでなく、設計の考え方やノウハウの伝承にもつながっていく。

　いかがだろうか。今の時代だからこそ、Face to Faceのコミュニケーションの重要さを再認識し、ルールに縛られるのではなく、情報のやり取りを柔軟に行いながら、社員全員で付加価値の高い製品を作り上げることを考え直すべきである。

第 **4** 章

ケーススタディ
ミニ四駆のモジュール化

第3章でモジュラー設計の全体像からモジュールの設定方法、ルールまで解説してきた。解説にはライターを用いて、ライターの設計者になったつもりで、モジュラー設計の構想をケーススタディとして解説した。ライターだけでも十分に理解できるが、もう1つのケーススタディ【ミニ四駆】からさらにモジュラー設計の仕組み、考え方の理解を深めてほしい。まずは**図表4-1**で、モジュラー設計の全体像の仕組みを再度おさらいしよう。

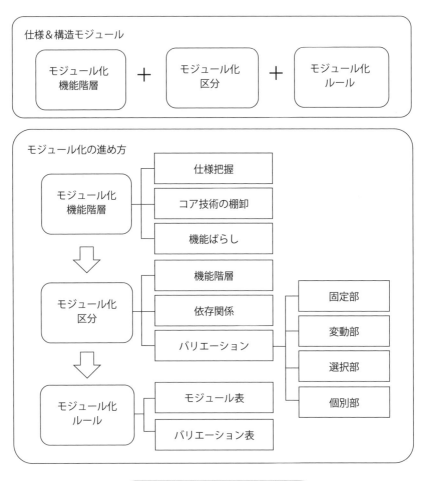

図表4-1　モジュール化全体像

モジュール化機能階層の ポイント

1）仕様把握・まとめ

　まずはミニ四駆の全体構成を確認していこう。今回検討するミニ四駆の製品名は、「マグナムセイバープレミアム（スーパーIIシャシー）」である。スーパーIIシャシーと記載があれば、ボデーのデザインが異なる程度で、駆動やギア周りは全ての製品で同様になっている（筆者が確認した車種で同様になっているだけで、筆者が知らない製品も存在するかもしれない）。

　この前提で、現在、どのような部品が使用されているか確認していく。

　図表4-2～5の通り、合計31個の部品で構成されていることが分かる。このあと実施する機能系統図で区分しやすいように、シャシー部（図表4-2）、ボデー

番号	部位名称	パーツ名称
①	シャシー部	シャシー
②		リアバンパー
③		コーナーローラー
④		電池カバー
⑤		スイッチ
⑥		電池
⑦		フロントターミナル
⑧		フロントカバー
⑨		リアターミナル
⑩		リアカバー

図表4-2　シャシー部の部品一覧表

番号	部位名称	パーツ名称
⑪		ボデー
⑫	ボデー部	ウィング
⑬		ボデークリップ
⑭		塗装（シール）

図表4-3　ボデー部の部品一覧表

番号	部位名称	パーツ名称
⑮		プロペラシャフト
⑯		フロントドライブシャフト
⑰		フロントベアリング（2個）
⑱		フロントホイール（2個）
⑲		フロントタイヤ（2個）
⑳		リアドライブシャフト
㉑		リアベアリング（2個）
㉒	パワートレーン部	リアホイール（2個）
㉓		リアタイヤ（2個）
㉔		フロントギア
㉕		ギアカバー
㉖		減速シャフト
㉗		減速ギア
㉘		動力伝達ギア
㉙		動力方向変換ギア
㉚		モーター
㉛		モーターカバー

図表4-4　パワートレーン部の部品一覧表

部（図表4-3）、パワートレーン部（図表4-4）の3つの区分に分割している。

　分割の考え方として、まずは近接している部品をまとめている。このあとの機能系統図にて、各部位（ユニット）と合わない部分については、機能が合致する部位に移動させるため、この段階で深く考える必要はない。ライターのように部品点数が少ない製品については、仕様段階で各部位にまとめる必要性は特にないが、部品点数が30点以上になる製品の場合、**会話4-1**のように、各部位に区分してから、機能系統図を検討する方がわかりやすい。

　また、上記のような方法を実施する他に、ライターの時に説明したE-BOMから仕様把握を行っても良い。CAD＆PDMがきちんと整備され、PDMが図面保管以外に、BOMの作成やワークフローと連動されているようであれば、E-BOMを活用した方が早く仕様把握が可能になるだろう。今回のミニ四駆については、E-BOMが存在していないため、まずは近接する部品で各部位（ユニット）に区分した。上記のように機能系統図を作成する前にどのような仕様があるのか、どのような部品があるかを調査してほしい。

会話4-1

設計者
仕様把握って、ミニ四駆であれば、どんな部品があるかわかりますよ。早く機能系統図を作成しましょうよ!

モジュラーマン
物事には順序がある。全ての仕様や部品を頭で考えながら、機能系統図を作成してはいけない。機能の漏れが発生してしまう。機能の漏れ、欠損は大きな不具合に繋がるし、せっかくモジュールを作成しても使用できなくなってしまう

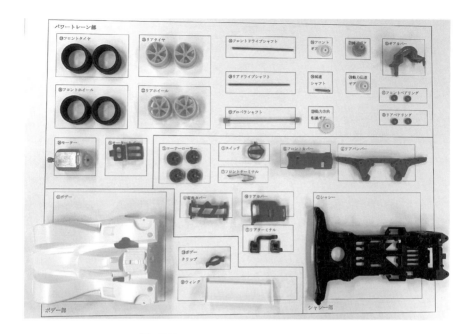

図表4-5　ミニ四駆　全部品内容確認

2）機能ばらし（機能系統図）

　それぞれのユニットに対しての機能ばらしを検討していこう。

（1）シャシー部（ユニット）

　シャシーについては、全ての部品が搭載され、また、ミニ四駆としての重要な機能である"まっすぐ走行する"を実現するための機能を有している。また、電力関係の部品を搭載し、その電力をパワートレーンに伝達する役割を担う。

　では、シャシー部に分類されている各部品がどのような機能を有しているのかを確認していこう。**図表4-6**を確認してほしい。ここで内容を理解してほしいのは、全ての機能を横一線に並べているのではなく、階層を作成していることである。階層は、各アセンブリで独立することが可能かもしれないという予測の元に区分している。独立することが可能かもしれないというのは、「依存関係がない」状態であることを指している。依存関係があったとしても、簡単な設計ルー

166

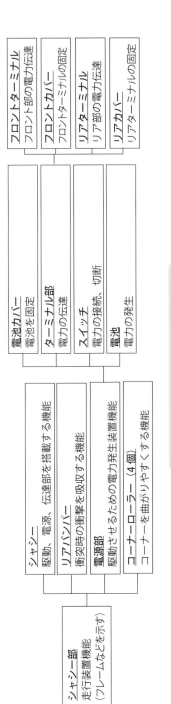

シャシー部
走行装置機能
（フレームなどを示す）

シャシー
駆動、電源、伝達部を搭載する機能

リアバンパー
衝突時の衝撃を吸収する機能

電源部
駆動させるための電力発生装置機能

コーナーローラー（4個）
コーナーを曲がりやすくする機能

電池カバー
電池を固定

ターミナル部
電力の伝達

スイッチ
電力の接続、切断

電池
電力の発生

フロントターミナル
フロント部の電力伝達

フロントカバー
フロントターミナルの固定

リアターミナル
リア部の電力伝達

リアカバー
リアターミナルの固定

図表4-6 シャシー部の機能系統図

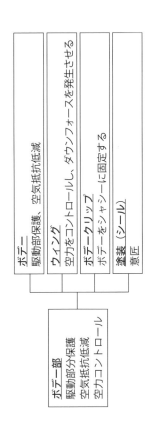

ボデー部
駆動部分保護
空気抵抗低減
空力コントロール

ボデー
駆動部保護、空気抵抗低減

ウイング
空力をコントロールし、ダウンフォースを発生させる

ボデークリップ
ボデーをシャシーに固定する

塗装（シール）
意匠

図表4-7 ボデー部の機能系統図

ルを決めるだけで整合性が確保できる状態である。しかし、この段階ではあくまでも独立させることが可能という予測のみであるため、正式な階層ではない。最終的にはモジュールの区分の部分にて検討していくことになる。

シャシー部の中に電源部を作成している。電池を含む電源関係の機能を集約したものである。また、さらにその中に電力を伝達する機能を集約させたターミナル部を作成している。このように機能で区分しながら、独立させることが可能かまずは予測を立てながら、機能系統図を作成してほしい。

(2) ボデー部

ボデー部については、部品が4つしかないということもあり、**図表4-7**の通り機能による階層の区分は実施していない。ミニ四駆の場合、ボデーを一体型にすることにより、部品点数を少なくしている。ボデー部で他の部位（ユニット）と整合性を確保しなければならないのは、ボデークリップのみである（厳密に言えば、ボデーの内側の形状が下方向に凸になっていることにより、シャシーの何らかの部品と干渉してしまう可能性がある）。

(3) パワートレーン部

パワートレーン部については、部品点数が多く、機能による階層を区分した方が、モジュールを検討しやすい。**図表4-8**をもとに、詳細に説明していこう。パワートレーン部のメインの機能は、駆動装置である。シャシー部から供給される電力を元に、「動力を発生させ、動力を駆動力に変換」し、ミニ四駆を前に進ませる。このように、パワートレーン部はミニ四駆の心臓部である。

上記のようにメインの機能の中に大きな機能が2つ存在している。「動力」と「駆動力」である。この2つを区分し、階層分けを検討していく。

①動力

ミニ四駆では、供給された電力でモーターを動かすことにより、動力を発生させている。動力を発生させるだけ（モーターを動かすだけ）では、ミニ四駆は走らないので、発生させた動力を伝達させる必要がある。そのため、動力の伝達機能をさらに階層分けし、機能単位でまとめている。様々な部分に依存する部品が

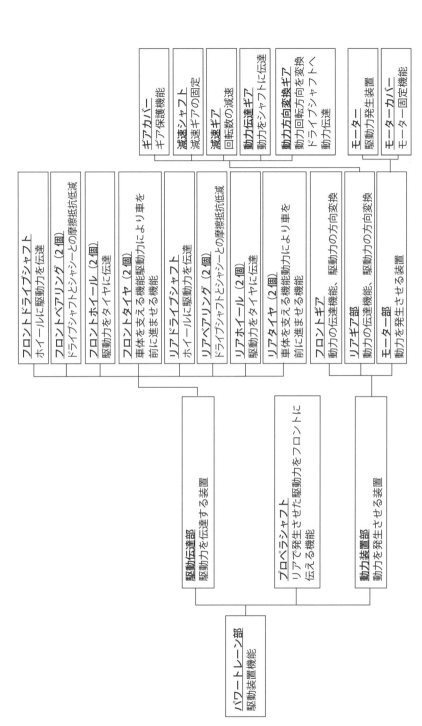

図表 4-8 パワートレーン部の機能系統図

ギアカバー
ギア保護機能

減速シャフト
減速ギアの固定

減速ギア
回転数の減速

動力伝達ギア
動力をシャフトに伝達

動力方向変換ギア
動力回転方向を変換
動力をシャフトへ
動力伝達

モーター
駆動力発生装置

モーター固定機能
モーター固定機能

フロントドライブシャフト
ホイールに駆動力を伝達

フロントベアリング (2個)
ドライブシャフトとシャシーとの摩擦抵抗低減

フロントホイール (2個)
駆動力をタイヤに伝達

フロントタイヤ (2個)
車体を支える機能駆動力により車を前に進ませる機能

リアドライブシャフト
ホイールに駆動力を伝達

リアベアリング (2個)
ドライブシャフトとシャシーとの摩擦抵抗低減

リアホイール (2個)
駆動力をタイヤに伝達

リアタイヤ (2個)
車体を支える機能駆動力により車を前に進ませる機能

フロントギア
動力の伝達機能、駆動力の方向変換

リアギア部
動力の伝達機能、駆動力の方向変換

モーター部
動力を発生させる装置

駆動伝達部
駆動力を伝達する装置

プロペラシャフト
リアで発生させた駆動力をフロントに伝える機能

動力装置部
動力を発生させる装置

パワートレーン部
駆動力装置機能

169

多いため、現在の段階では独立させることが可能かはわからない。まずは機能単位で階層分けしていく。

②駆動力

　伝達してきた動力をミニ四駆を前に走らせる力が駆動力である。まさにタイヤなどがその役目を担っている。ここでは、タイヤ、ホイール、ドライブシャフトなどが存在しており、さらに機能で階層分けすることも可能になる。一方、ミニ四駆であればフロントとリアに区分してはいけない。これは近接する部品をまとめているだけになってしまう。フロントやリアというのは、あくまでも、製品全体を見たときに部品の配置を表すものであって、機能で分類したものではない。仮にそのままモジュールを設定してしまうと、設計段階で不都合が発生する（不都合の内容については、次項で解説する）。必ず、機能単位でまとめることを覚えていてほしい。

2 モジュール化区分のポイント

　モジュール化をするためには、先ほどおさらいした、「機能階層」「バリエーション」「依存関係」の3点をすべて含めた上で検討しなければならない。機能階層は、最初に実施したモジュール化機能階層で終了しているため、再度機能を確認したときに問題がないかどうか確認するだけでよい。もし、問題があれば、機能階層を変更する必要がある。では、**会話4-2**の通り、ミニ四駆でそれぞれの内容を確認していこう。

1）バリエーション区分

　依存関係、バリエーションのどちらから検討しても良い（両方の結果を見ながらモジュールを設定していくため）が、ミニ四駆の場合は、製品の仕様に対して、バリエーションから検討した方が分かりやすい。

各部品にて、「固定部」「変動部」「選択部」を検討する。検討結果を**図表4-9**
～11に示す（筆者が考えた仕様のため、実際の製品と異なる部分がある）。

(1) シャシー部
①選択部
　コーナーローラーを変更することが可能だ。コーナーローラーは、シャシーの
先端に取り付けられており、大きさを自由に変えることができる。あまり大きい
コーナーローラーを取り付けてしまうと、ミニ四駆のレースを行う際に、コース
幅からはみ出してしまうことがあるため、注意が必要である。また、電池について
は、顧客が用意するもので、様々な種類の電池が使用される。しかし、単三電池
の規格は決まっているため、電池の種類が変わっても、シャシーなどの構造を変
更する必要は特にない。

②変動部
　シャシーで最も変更の可能性があるのは、シャシーの長さだ。製品によって
は、長さを長くし、安定した走行を実現したい場合もあるだろう。そのため、製
品の目的（走行性能を向上させる、車重を軽くし、最高速度を上げたいなど）に
より、シャシーを変更していくことになる。

(2) ボデー部
①選択部
　選択部に該当するものはない。

②変動部
　ボデーのデザインにより、長さを変更させる可能性がある。ボデーは空力性能
を高めなければいけない一方、顧客が手に取った時の「かっこいい」などの満足
感を向上させるためのデザインが重要となる。その2つの目的を実現するために
長さを変更する場合がある。

（3）パワートレーン部

①選択部

A：ホイール

　ホイールはデザインを変更したり、幅を広くしたりする可能性がある。デザインは、ボデーのデザインに合わせ、ホイールのスポーク数を変更、もしくは色を変更するなどが考えられる。幅の変更については、走行安定性を高めたいときに変更される。また、ミニ四駆はリア側に重心がある（モーターなどの駆動部分が集中している）ため、フロントよりも安定感が必要となる。そのため、標準状態で、フロントよりもリアのホイールの方が幅が広くなっている。

B：タイヤ

　タイヤは製品の目的により、溝のパターンが変更される可能性がある。走行性能重視ではなく、オフロードを走らせる目的の場合、タイヤの溝が変更される。また、ホイールの幅に合わせて、タイヤの幅も変更する可能性がある。標準の仕様では、タイヤの幅は同一としているが、本来の性能を考えると、ホイールの幅が変更されていることもあり、タイヤ幅をリアのみ太くするべきだろう。

会話4-2

設計者
ミニ四駆といっても、こんなにきちんと機能があるもんなんですね〜

モジュラーマン
その通りだ！ 特に動く製品については、玩具であろうとも、1つ1つの部品の機能を考え、設計しなければならないのだ。ボルト1つでも機能を追求し、どのような形状にするのかを考えなければならない

C：減速ギア

　製品の目的により、減速ギアを変更する可能性がある（昔のミニ四駆であれば、最高速仕様ギアとトルク仕様ギアの2種類が入っていた）。製品が最高速仕様もしくはトルク仕様により、ギアを選択する。

②変動部

　プロペラシャフトについては、リアで発生させた動力をフロントに伝達する機能があるため、フロントにあるフロントギアに接続させる可能性がある。車種によっては、フロントまでの距離が異なる可能性があるため、プロペラシャフトの長さを変更する可能性がある。

機能区分階層			区分	バリエーション
シャシー部	シャシー		変動部	車種により、長さが異なる
	リアバンパー		固定部	
	コーナーローラー（4個）		選択部	大きさの変更が可能
	電源部	電池カバー	固定部	
		スイッチ	固定部	
		電池	固定部	使用する電池の種類が顧客ごとに異なる可能性があるが、単3のみを使用できるようにする
		ターミナル部 フロントターミナル	固定部	
		フロントカバー	固定部	
		リアターミナル	固定部	
		リアカバー	固定部	

図表4-9　シャシー部の区分と仕様内容

機能階層区分		区分	バリエーション
ボデー部	ボデー	変動部	車種により、デザイン、長さが異なる
	ウィング	固定部	
	ボデークリップ	固定部	
	塗装（シール）	固定部	

図表4-10　ボデー部の区分と仕様内容

機能区分階層			区分	バリエーション
	プロペラシャフト		変動部	車種により、長さが異なる
	駆動伝達部	フロントドライブシャフト	固定部	
		フロントベアリング（2個）	固定部	
		フロントホイール（2個）	選択部	ホイールのデザイン変更可能
		フロントタイヤ（2個）	選択部	タイヤ溝パターン変更可能
パワートレーン部		リアドライブシャフト	固定部	
		リアベアリング（2個）	固定部	
		リアホイール（2個）	選択部	ホイールのデザイン変更可能
		リアタイヤ（2個）	選択部	タイヤ溝パターン変更可能
	動力装置部	フロントギア		固定部	
		リアギア部	ギアカバー	固定部	
			減速シャフト	固定部	
			減速ギア	選択部	減速比の変更が可能
			動力伝達ギア	固定部	
			動力方向変換ギア	固定部	
		モーター部	モーター	選択部	モーター出力値変更が可能
			モーターカバー	固定部	

図表4-11　パワートレーン部の区分と仕様内容

2）依存関係区分

　では、選択部と変動部の依存関係についてみていこう（固定部については、形状や寸法を変更しないという前提のため）。

（1）コーナーローラー

　コーナーローラーはシャシーの先端と、ボデーのリア側に取り付けられる。ミニ四駆自体の幅を合わせるためには、フロントとリアでコーナーローラーの大きさを同じにしなければならない（フロントとリアで大きさが異なれば、レースコースで左右にブレてしまい、安定した走行ができなくなってしまう）。

　また、大きさを変更する場合には、リアに取り付けるボデーの形状も同時に変

更しなければならない。よって、依存関係はボデーにある。シャシーは大きさに特別な制約条件はないが、取り付ける穴の大きさは合わせる必要がある。

(2) シャシー・ボデー・プロペラシャフト

シャシーには様々な依存関係があるが、今回の仕様では「長さ方向のみ変わる」という前提としている。長さ方向が変わった場合に依存関係があるのは、「ボデー」と「プロペラシャフト」である。シャシーの長さに合わせ、ボデーの長さも合わせる必要がある。プロペラシャフトも同様である。

(3) タイヤ・ホイール

タイヤとホイールも依存関係がある。ホイールの大きさに合わせて、タイヤの大きさも設定する必要がある。また、フロントとリアで異なる構造にしてはいけないため、4本セットで設計していく必要がある。

ドライブシャフトにも依存関係がある。ドライブシャフト径は変更されないため、ホイール構造を変更したとしても、ドライブシャフトが挿入される穴径は変更してはならない。

(4) 減速ギア

減速ギアの依存関係は、減速シャフトとギアカバー、動力伝達ギアである。減速ギアを変更した場合、シャフトが挿入される穴径は変更してはいけない。また、減速ギアを大きくしすぎるとギアカバーに接触してしまう。ギアカバーに接触しない大きさを最大径とし、設計をしていく必要がある。

(5) モーター

モーターについては、モーター形状の変更がなく、出力の仕様のみ変わるため、特に依存関係はない。

以上のバリエーション、依存関係から、モジュール化をしよう。

3 モジュール化ルールの ポイント

モジュール化の結果を**図表4-12**に示す。

1）シャシーモジュール

　シャシー部に分類されていた部品のコーナーローラーをボデーモジュールに移動させた。理由は、依存関係において、コーナーローラー寸法を大きくするとボデーに干渉する可能性があり、ボデーの形状とコーナーローラーの寸法を一緒に検討しなければならないためである。もし、別々のモジュールに設定しておくと、それぞれの部品で設計した結果、干渉してしまう可能性が高いためだ。

図表4-12　シャシー、電源、ボデーモジュール表

また、プロペラシャフト（パワートレーン部に分類）をシャシーモジュール内に組み込んだ。プロペラシャフトの長さはシャシーの長さと依存関係が強く、シャシーの長さに合わせて、プロペラシャフトの長さを検討する必要がある。

2) 電源モジュール

　電源モジュール内に分類されている部品はすべて固定部に区分した。固定部であるため、形状や寸法が変わらない。よって、シャシーモジュール内に組み込んでおく必要がなく、シャシーと機能も異なるため、シャシーから独立させた。

3) ボデーモジュール

　ボデーモジュール内にコーナーローラーを組み込んだことは先ほど解説した通りだ。また、ボデーの大きさはシャシーと依存関係が強いが、シャシーとの機能が大きく異なるため、それぞれのモジュールに分けた。この時に依存関係が残ったまま、それぞれのモジュールを設定すると、不整合が発生する可能性があるため、設計ルールの設定が必要だ。ボデーモジュールのボデーについては、シャシーを設計した後、大きさの制約条件として長さ寸法を設定し、形状を検討していく必要がある。

　次にパワートレーン部について確認していこう。

　パワートレーンを1つのモジュールに分類するのは、部品点数が多く、タイヤやホイールの仕様違いなども存在するため、2つ以上に分類する方がモジュールとして使用しやすくなるためである。部品点数が10点以上になるような場合は、モジュールを区分する方が使用しやすくなるだろう。しかし、あまり細かく分類すると多くのモジュールが発生してしまうため、モジュールを管理することが大変になる。そのための1つの目安として、1つのモジュールは「部品点数が10点程度」が望ましいとしている。この目安から、パワートレーンを「駆動伝達モジュール」と「動力装置モジュール」の2つに分類した。

4) 駆動伝達モジュール

　駆動伝達の中には**図表4-13**のように、「駆動」と「伝達」の2つの機能が存在する。その2つをさらに部分モジュールという形で分類した。この内容を確認してほしいが、あくまでも機能で分類しており、近接する部品で分類しているわけではない。例えば、フロントとリアで区分したとしよう。フロントには、「フロントドライブシャフト、フロントベアリング、フロントホイール、フロントタイヤ」となる。リアも同様に「リアドライブシャフト、リアベアリング、リアホイール、リアタイヤ」となる。タイヤとホイールは選択部であり、様々な仕様が存在する。結果、フロントモジュールとリアモジュールで分かれてしまうことにより、フロントとリアで異なる構造や色の、ホイールやタイヤが選択されてしまうかもしれない。タイヤの仕様が異なれば、フロントとリアで駆動力に差が出てしまい、走行安定性が低くなる可能性があるだろう。また、フロントとリアで異なるデザインが採用されると、見た目もよくない。このような不整合が各モ

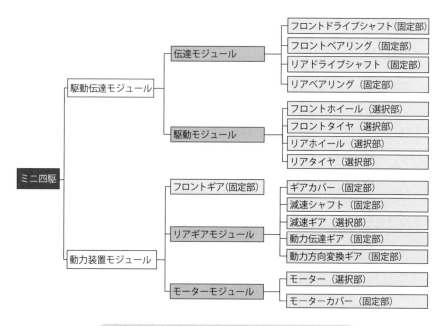

図表4-13　駆動伝達、動力装置モジュール表

ジュールで発生しないよう、機能で区分することが最も重要なのだ。また、伝達モジュールはすべて固定部、駆動モジュールはすべて選択部となっているため、区分を考えても、駆動と伝達で分類するのがわかりやすい。

5）動力装置モジュール

　動力装置モジュールについては、図表4-13の通り、ほぼ機能分類のままである。先ほど解説したが、プロペラシャフトについては、シャシーと依存関係が強いため、シャシーモジュールに移動させた。

　以上のようにモジュールを設定したポイントを解説した。

　最後にモジュール化ルールを設定する。先ほど解説したモジュールにて設計ルールを設定しておかなければならない内容があったのを覚えているだろうか。モジュールの設定が完了したからといって、自由にモジュール内の変動部や選択部を設計してはいけない。バリエーション表の中に設計ルールを設定させて、完了となる。それでは、バリエーション表を確認していこう。

　先ほど依存関係の部分で解説したポイントを設計ルールとして、設定をし、**図表4-14**のようなバリエーション表に記載している。

　特に重要な内容は、シャシーモジュールとボデーモジュールに、機能とは関係ない部品が組み込んであることだ。関係のない部品は依存関係に基づき設計をされていくため、その設計するための条件を記載する必要がある。そのように記載しなければ、せっかく1つのモジュールに分類したにもかかわらず、不整合が発生してしまう。選択部、変動部はすべての部品について、設計ルールを設定する必要があるのだ。

図表4-14 バリエーション表

部	モジュール	サブモジュール	機能区分階層（部品）	区分	バリエーション	設計ルール
シャシー部	シャシーモジュール		シャシー	変動部	車種により、長さが異なる	全ての部品の中で最初に検討する
			リアバンパー	固定部		シャシーの長さに合わせる
			プロペラシャフト	変動部	車種により、長さが異なる	シャシーの長さに合わせる
	電源モジュール	電池モジュール	電池カバー	固定部		
			スイッチ	固定部		特になし
			電池	固定部	使用する電池の種類が顧客ごとに異なる可能性があるが、単3のみを使用できるようにする	特になし
		ターミナルモジュール	フロントターミナル	固定部		
			フロントカバー	固定部		
			リアターミナル	固定部		
			リアカバー	固定部		
ボディー部	ボディーモジュール		ボディー	変動部	車種により、デザイン、長さが異なる	シャシーの長さに合わせ、ボディーの長さの制約条件を決める
			コーナーローラー（4個）	選択部	大きさの変更が可能	ボディーの形状に合わせ、寸法を選択する
			ウイング	固定部		
			塗装（シール）	固定部		
パワートレーン部	駆動伝達モジュール	伝達モジュール	フロントドライブシャフト	固定部		
			フロントベアリング（2個）	固定部		
			リアドライブシャフト	固定部		
			リアベアリング（2個）	固定部		
		駆動モジュール	フロントホイール（2個）	選択部	ホイールのデザイン変更可能	ホイールは原則同じ構造とする。ドライブシャフトが挿入される穴径は変更禁止。
			リアホイール（2個）	選択部		
			フロントタイヤ（2個）	選択部	タイヤ溝パターン変更可能	タイヤ溝はフロントとリアは原則同じ仕様にする。ホイール幅については、ホイール幅と同様にする。
			リアタイヤ（2個）	選択部		
	動力装置モジュール	フロントギア	ギアカバー	固定部		
			減速シャフト	固定部		
		リアギアモジュール	減速ギア	選択部	減速比の変更が可能	ギアカバーに接触しないようにするため、最大ギア径を○○とする。
			動力伝達ギア	固定部		
			動力方向変換ギア	固定部		
		モーターモジュール	モーター	選択部	モーター出力値変更が可能	規定のモーターを使用する
			モーターカバー	固定部		

4 第4章まとめ
【ケーススタディ ミニ四駆のモジュール化】

　ケーススタディとして、ミニ四駆を用いて、モジュール化を検討した。部品点数は30点ほどだが、機能階層や依存関係、バリエーションに注意しながら進めていかなければ、適切なモジュールを設定できないだろう。その内容は特に機能系統図を作成していくうえで非常に重要であり、近接する部品でモジュールをまとめてはいけない。機能による分類が最優先であり、そのあとに依存関係から、適切なモジュールを設定してほしい。

　このモジュールの設定により、「流用元にどのような機能部品が設定されているのか？」「この部位は変更していいのか？」「変更したとしたらどのような影響があるのか？」などの、本来設計者が悩まなくてよい部分の効率化が進むだろう。モジュールを選定しても、流用元から設計した方が早いと思っている設計者は、一度、モジュールでの設計をお勧めする。非常に簡単に設計ができ、新しい設計内容に注力できるようになる。

第 **5** 章

モジュールの運用と
変化点管理

1 モジュールを正しく運用するための考え方

　第3章のモジュール化ルール編でも解説したが、モジュール表とバリエーション表が完成したら終了ではない。効率的に運用可能な仕組みが必要であり、その仕組みがなければ、元の流用設計に戻ってしまうだろう。また、作成したモジュール化の内容のみで全ての製品に対応できる場合は少ない。そのために個別部が存在しており、個別部にて新しい部品やユニットの設計を行っていくこととなる。このようにモジュールで設定した設計ルールに基づき、適切な運用を行い、誰が設計しても同様の品質、コスト、リードタイム（QCD）のアウトプットとなるようにしなければならない。このような考え方で運用しようとすると、設計のインプット段階の情報も非常に重要になるだろう。インプット段階の情報というのは、「仕様書」と呼ばれるものである。

　企業には様々な仕様書が存在する。「要求仕様書、設計仕様書、製作仕様書、納品仕様書」などである。この仕様書がインプット情報となって、設計がスタートするわけだが、仕様書にばらつきがある場合、そのばらつきにより、使用するモジュールの内容が変わってきてしまっては、せっかく設計ルールによって定めた選択方法の意味がなくなってきてしまう。そうならないよう、インプット内容＝仕様書の内容をばらつきなく、設定することが重要だ。その仕様書のばらつきを少なくするための仕組みを、筆者は仕様モジュールと呼んでいる。では、その仕様モジュールの考え方を見ていこう。

　市場や顧客からの情報により、様々な仕様を設定していくが、仕様の依存関係や区分により、設定の順序、方法が異なる。この順序、方法を設定していくのが、「仕様決定プロセス」と呼ばれるものだ。**会話5-1**のように、仕様設定をするために、各設計者が頭の中で考えている内容を視える化したものだ。この仕様決定プロセスから仕様を決定するに至る経緯を明確にしながら、仕様モジュールを設定していく。仕様モジュールには、構造モジュールと同じように、「仕様選択ルール」（構造モジュールの設計ルールにあたる）や「区分」（固定部、変動

部、選択部、個別部）を各仕様に設定していくことにより、誰でも同じ仕様を設定することが可能となる。仕様モジュールを設定するための進め方は、「3. 仕様モジュール」の部分で解説する。

設計者
構造モジュールがあればいいのではないのですか? 誰でも同じモジュールを選択できますよ!

モジュラーマン
構造モジュールで、確かに同じ図面をアウトプットすることが可能だろう。しかし、設計に対するインプットがばらついてしまっては、様々な仕様がうまれてしまい、結果、派生モデルが多く発生してしまうだろう

仕様モジュールの仕組みの重要なポイントは、「派生する仕様を作成しない」ということである。顧客からもらう様々な要望から、多くの派生仕様が生まれてしまう可能性がある。現在設定されている仕様と少し異なるからと言って、個別部を多く作ってしまうことになりかねないのだ。

このようにならないためにも、仕様モジュールを設定し、仕様の選択についても、設計者によって仕様内容が異なることなく、同じ仕様となるようにして、そのインプットから構造モジュールの中の選択部や変動部を設計のルールに従い、設定していく。さらには第3章、第5章の冒頭で解説した個別部をモジュールに組み込むアップデートの仕組み構築も必要となる。

2 モジュール運用プロセス

それでは、仕様モジュール、構造モジュールを活用したプロセスを解説していこう。一連の流れを**図表5-1～3**に示す。

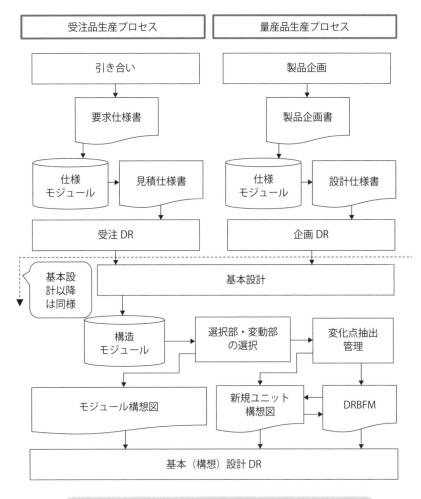

図表5-1　引き合い、企画から基本設計までのプロセス

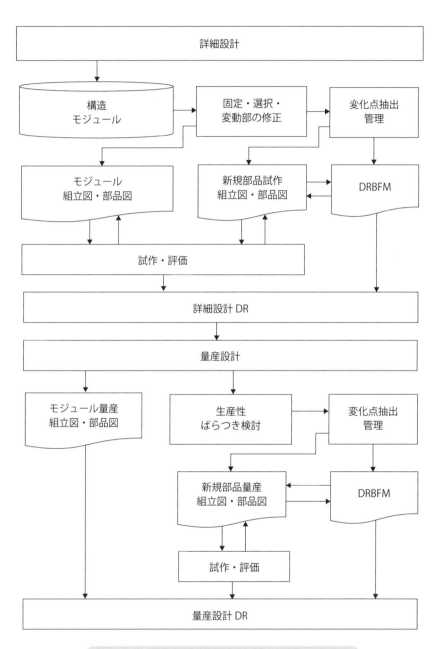

図表5-2　詳細設計から量産設計までのプロセス

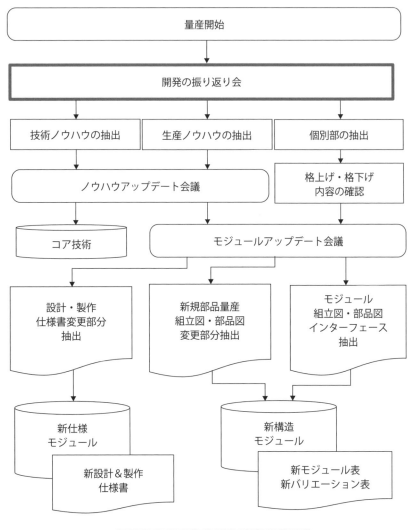

図表5-3　製造段階以降のプロセス

1）受注＆製品企画・基本設計段階

　基本的な流れを図表5-1に示す。

(1) 受注＆製品企画段階

　このプロセスにて重要なポイントは「仕様モジュール」を活用し、仕様書を作

成することだ。受注品生産企業の「見積仕様書」は、顧客からの要求仕様書を受け、その企業でどのような製品を製造すべきか検討し、その上で費用を見積もる仕様である。顧客仕様を満足させるべく、企業で培ったノウハウから、製品を創造するための方向性を明確にしていく。

その際に、多くの企業では、ベテラン設計者が要求仕様から、過去のノウハウ（頭の中にあるもの）を基に仕様を決定していく。その作業にばらつきが存在する可能性があるのだ。そのばらつきにより、基本設計以降の設計内容にも変化がもたらされ、派生仕様、派生図面が発生してしまう。その個人のばらつきを抑制するために、仕様モジュールを作成し、誰が仕様書を作成しても同じ結果になるよう、仕様を決定するためのルールを設定する。

また、量産品企業も同様で、製品企画書からアウトプットされる設計仕様書にばらつきが発生する可能性がある。受注生産品企業と同じように仕様モジュールを作成し、設計仕様書を構築していく必要がある。

（2）基本設計段階

基本設計段階では、受注＆製品企画段階でのアウトプットである、「見積仕様書」と「設計仕様書」を受け、どのような製品を設計していくか設計の方向性を具体的に検討していく。その内容から、「見積仕様書⇒製作仕様書」「設計仕様書の設計方針、技術の選択」が具体化され、設計者にインプットされる。その際に、設計者でのばらつきがもっとも発生しやすい内容が、新規設計ユニット・部品である。新規設計内容を設計者のみが検討しているため、設計者ごとに構造や部品配置が異なる場合がある。このようにして、多くの図面が作成され、派生モデルが発生してしまうのだ。また、設計品質が確保されていればよいが、短納期品などリードタイムが短い場合には、納期を気にするあまり、設計品質が疎かになり、結果、製造段階で問題が発生してしまう。

そうならないためには、「変化点管理」の仕組みが重要である。新規設計ユニット・部品における変化点を明確にし、その変化点に対してどのように設計していくのか、どのようにして品質を確保していくのか（問題の未然防止）を検討していく必要がある。また、問題の未然防止にはDRBFMを活用する。

2) 詳細設計＆量産設計段階

基本的な流れを図表5-2に示す。

(1) 詳細設計段階

受注生産の企業で、1品モノと言われる、複数製品を製作しないものの場合には、量産設計を実施する必要はない。しかし、詳細設計段階では、受注品、量産品でも同じ設計プロセスのため、合わせて解説していく。

基本設計からアウトプットされた構想図面から、各部の部品を設計していく。構想図面ですでに検討されているが、各部品を検討している際に、選択部や変動部を変更した方がよい部分が発生する。特に、新規設計部品を検討していくと、既存の部品とインターフェースが合わないときがある。そのようなときに、選択部・変動部の修正を行う必要がある。修正でもインターフェースが合わないときには、固定部・選択部・変動部から個別部に格下げする必要があるのだ。

また、新規部品の形状を検討する時に、他の製品の変動部の寸法、選択部の選択されている内容を確認すると、同じ寸法、内容になっている場合がある。そのような時は選択部・変動部から固定部に格上げする必要がある。

上記の内容は、プロセスで「固定・選択・変動部の修正」にあたる。

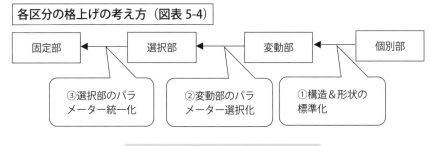

図表5-4　各部分の格上げの考え方

①構造＆形状の標準化

個別部で新たに設定した部品は、構造＆形状がその製品の個別最適になっているため、その製品を設計している際に他の製品も視野に入れ、構造＆形状を検討した方がよい。その検討の中で、他の製品の横並びを見た際に、製品によって、

構造＆形状を変更せずに、パラメーターを変更するだけで相似形となり、大きさが異なる部品の設定を可能にする。これを変動部への「格上げ」と呼ぶ。

②変動部のパラメーター選択化

変動部では相似形であれば、大きさを自由に変更できるが、設計者によって、様々なパラメーターが設定されてしまうことにより、派生図面が多く発生してしまう。これを防止しようとすると、パラメーターを自由に設定させるのではなく、ある特性のパラメーターをあらかじめ設定しておき、その中から選んでもらうようにする。これを選択部への「格上げ」と呼ぶ。

③選択部のパラメーター統一化

複数の選択肢を1つに統一し、標準化する。モジュール化の究極の姿は、全て固定部で組み合わさった製品≒標準製品である。しかし、現実は標準製品では、顧客の多岐にわたる要望を実現することは難しい。ある特定の顧客の仕様などは、他の顧客の製品に組み込む必要がない場合が多く、その場合は個別部に設定することにより、また、パラメーターを1つにする構造＆形状を検討することにより、可能な限り固定部を多く設定する必要がある。これを固定部への「格上げ」と呼ぶ。

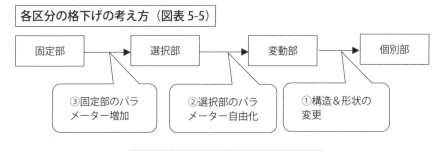

各区分の格下げの考え方（図表5-5）

図表5-5　各部分の格下げの考え方

格上げの逆のパターンである、4つの格下げの考え方は下記のようになる。

①構造＆形状の変更

変動部に設定されているパラメーターでは、顧客が望む機能が実現できない、

もしくは、新規部品とのインターフェースの整合性が確保できないなど、新たな受注内容に対して、現状のモジュールでは設計が困難な場合、変動部に設定しているユニットの構造&形状を見直す。これを変動部からの「格下げ」と呼ぶ。

②選択部のパラメーター自由化

選択部において、複数のパラメーターを設定したが、他のパラメーターを設定する必要があったり、今後の受注製品で使用するパラメーターを予測できなかったりするなど、選択部で設定したパラメーターでは、新しい受注内容に対して設計が困難な場合に、選択部のパラメーターを自由に設定が可能なようにする。ただし、あくまでもパラメーターのみの自由化であり、構造&形状の変更をしてはならない。これを選択部からの「格下げ」と呼ぶ。

③固定部のパラメーター増加

固定部で設定されているユニットや部品は、形状や寸法を変更することなく、あらかじめ準備されている図面を使用するだけだが、新規部品の採用に伴い、寸法を変更しなければならない場合が発生する。そうなると、あらかじめ準備されている図面の寸法と新たな図面の寸法が発生し、選択肢が発生してしまう。これらの内容も②と同じように構造&形状の変更をしてはならない。あくまでも寸法の延長などに留まるようにする。これを固定部からの「格下げ」と呼ぶ。

この格上げ、格下げの検討を製品設計中、特に詳細設計で検討する必要がある。基本設計の段階で検討する場合もあるが、基本設計の段階では、顧客要求仕様から、どのユニットを使用するか、もしくは全体レイアウトを検討する場合が多い。結果、詳細部品の検討などについては、詳細設計で実施されるため、新規部品とのインターフェースを検討しながら、「格上げ」「格下げ」を検討して、設計を進めていく。格上げ・格下げの最終検討（モジュールに反映させるかどうか）については、製品設計終了後の開発振り返り会で検討する。

「固定・選択・変動部の修正」後については、基本設計段階での進め方と大きく変わらない。変化点管理を行い、新規部品の図面を作成する。また、DRBFMを活用しながら、問題の未然防止を図る。量産品の場合については、それらの図

面から試作品を作成し、評価確認を行い、評価の結果次第では図面修正を行いながら、詳細設計DRに進む。この時、機能設計の視点はもちろんだが、生産設計の視点でも確認しなければならない。モノ造りができる図面である必要があるため、生産性について、製造関係の部門に図面を確認してもらわなければならない。モジュールであらかじめ作成されている図面については、生産性が確保できている前提だが、新規ユニット、図面については、生産性が確実に確保されている図面という保証はない。必ず、生産性も確認してほしい。

(2) 量産設計段階

量産設計段階では、生産性&ばらつきの検討と評価後の検証が中心であり、新たな図面を作成することはほとんどない。詳細設計で作成した図面に対して、公差寸法を見直し、量産体制を整えていく。ここで忘れてはいけないのは、変化点管理である。ここでも変化点を検討しながら、問題の未然防止であるDRBFMを実施してほしい。DRBFMの実施により、新規部品の構造&形状、寸法を大幅に修正しなければならない可能性も十分にある。

3) 量産開始後

基本的な流れを図表5-3に示す。

(1) 開発の振り返り会

①内容

量産DR後、すぐに実施するイベントは、「開発の振り返り会」である。開発の振り返り会で議論すべき内容は、今回の開発で新規作成したユニットや部品、モジュールの使い方（変動部の寸法設定の方法、選択部の選択肢の選び方、考え方など）である。さらには、製品に潜在的に存在している技術・生産ノウハウの抽出である。

②参加者

主幹部門：設計開発部門（製品開発を実施している部門）
参加部門：営業部門、製品企画部門、品質保証部門、製造部門、購買部門

(2) ノウハウアップデート会議

①内容

　開発の振り返り会で抽出された技術・生産ノウハウを、自社の技術として蓄積するべきかを議論する。汎用的な技術であったとしても、その技術の使い方が特殊である場合には、コア技術として選定した方がよいだろう。特に汎用品メーカーが想定していない使い方をしている場合だ。このように、技術は製品開発終了の都度、蓄積していく。この蓄積の作業を設計担当者に任せてしまうと、陳腐化する可能性が高い。

②参加者

主幹部門：設計開発標準化部門（標準化やモジュールを管理している部門）

参加部門：設計開発部門（製品開発を実施している部門）、営業部門、製品企画部門、品質保証部門、製造部門、購買部門

③コア技術アップデート

　アップデートを担当するのは、主に標準化やモジュール化を検討、管理している部門である。製品開発を実施している部門にアップデートを任せても、開発終了後、すぐに次の開発案件に着手している場合が多く、アップデート作業に時間をさけなくなってしまう。そのため、標準化やモジュール化を検討している部門が実施する必要がある。

(3) モジュールアップデート会議

①内容

　個別部に設定されている内容や、格上げ・格下げを検討した内容からモジュールにアップデートする必要があるかどうかを議論する。注意してほしいのは、今回の製品だけに必要な個別部なのか、今後、市場のトレンドを鑑みたときに必要な内容なのかを議論する必要があることだ。トレンドとなるような個別部なのであれば、モジュールに含めたうえで、次回の設計開発段階で使用できるようにするべきである。また、格上げ、格下げの内容についても、設計担当者が考えた内容が正しいのかを議論する必要がある。リードタイムが短いため、単にインターフェースが合わないだけで、変動部から個別部に格下げしている例もあるからだ。本来は、モジュールに含まれている既存の部品は変更せずに、新規部品の構

造を合わせることにより、顧客要求や市場要求に合致させる必要がある。それらの内容を議論してほしい。

②参加者

主幹部門：設計開発標準化部門（標準化やモジュールを管理している部門）

参加部門：設計開発部門（製品開発を実施している部門）、営業部門、製品企画部門、品質保証部門、製造部門、購買部門

③モジュールアップデート

　モジュールへの組み込みについては、設計開発標準化部門が担ってほしい。ただし、組み込むための図面については、個別部で作成した図面を設計担当者から提供してもらう必要がある。その図面をモジュールに組み込む形に修正を行っていく。その結果、「新仕様モジュール」「新構造モジュール」を発行し、次の設計開発以降で使用可能な形とする。

3 運用に必要なツール（仕様モジュール）

　モジュールの運用プロセスでも紹介した「仕様モジュール」を解説していく。仕様モジュールの目的を再度おさらいしておこう。

> 目的：設計のインプットである仕様書の内容を、仕様書を検討・作成する設計者ごとのばらつきを無くし、顧客に対して付加価値の高い仕様の設定を可能とすること。

　この目的を達成するために、仕様モジュールを設定していく。各ユニットや部品に対しての設定基準を作成したのが、「構造モジュール」であり、各仕様に対しての設定基準を作成したものが「仕様モジュール」である、と考えてもらえばわかりやすいだろう。では、仕様モジュールの進め方、内容を解説していこう。

1) 仕様モジュールの内容

　具体的な事例で説明した方が理解しやすいため、ライターの仕様事例から仕様モジュールを解説していこう。

（1）主仕様
　　①点火回数2000回程度
　　②使用温度環境：0〜40℃
　　③CR（チャイルドレジスタンス）規制対応
（2）点火方式
　　フリント（石）式
（3）重量
　　24g
（4）サイズ
　　H100×W30×D20mm

　このような仕様があるとする。この仕様で考えた場合、市場からの要求により、変更される可能性がある仕様は、点火回数と点火方式だ。使用する環境によっては、点火回数がより少なく、重量が軽いライターが望まれている場合もある。また、点火方式についても同様で、使用者によっては、電子式（ワンタッチ着火）が望まれる場合もあるだろう。

　このように様々な仕様があり、それを環境や使用者によって変更しなければならない。その変更が設計者によってばらつきがあると、第5章の最初で説明したように、多くの派生モデルが発生してしまう。そうならないように、仕様を選択する場合のルール選定が必要なのだ。構造モジュールでいう設計ルールと同様である。

（1）主仕様
　　点火回数2000回程度⇔点火回数3000、1000回
（2）点火方式

フリント（石）式⇔電子式

（3）重量

　　24g⇔18g

（4）サイズ

　　H100×W30×D20mm⇔H70×W30×20mm

　（1）～（4）の仕様を選択する場合のルールを選定したものが、「仕様モジュール」となる。では、仕様モジュールの選定ルールはどのような進め方で設定するのだろうか。確認していこう。

2）仕様モジュール構築の進め方

　全体的な進め方は**図表5-6**のようになる。

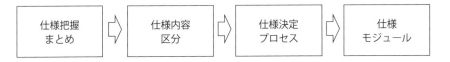

図表5-6　仕様モジュール構築の進め方

　上記の進め方を先ほどのライターに当てはめて、解説していこう。

（1）仕様把握まとめ

　今回解説しているライターに対しては、先ほどの内容をすべての仕様とする（本来はもっと多くの仕様が存在するが、解説を簡単にするために上記の内容のみとしている）。仕様把握まとめについては構造モジュールの進め方で解説しており、基本的には同じ内容であるが、部品などの詳細内容について検討する必要はなく、仕様の把握に留めても問題ない。

(2) 仕様内容区分

仕様内容区分については、構造モジュールの区分関係と同様のように「固定部・選択部・変動部」を検討していく。では、ライターではどのような区分になるのだろうか。

---

(1) 主仕様【選択部】

　　点火回数2000回程度⇔<u>点火回数3000回、1000回</u>

(2) 点火方式【選択部】

　　フリント（石）式⇔<u>電子式</u>

(3) 重量【変動部】

　　24g⇔<u>18g</u>

(4) サイズ【H：変動部・WD：固定部】

　　H100×W30×D20mm⇔<u>H70×W30×20mm</u>

---

①点火回数

点火回数については、1000、2000、3000回の仕様が過去に存在しているため、選択部に設定した。1500、2500回などの仕様も設定することが可能だが、自由に設定してしまうと派生の仕様が発生してしまうため、3種類から選択できるようにした。また、1000回と1500回の500回程度の違いでライターを選ぶ顧客は少なく、その程度の違いであれば、多くの顧客は価格で選ぶことが多い。よって、はっきりと性能の違いが分かる1000回単位の違いに設定した。

②点火方式

点火方式については2種類しかないため、選択部に設定した。

③重量

重量については変動部に設定した。構造モジュールの中でも解説しているが、様々な部品の材質が異なる場合があったり、また、サイズの違いにより、重量が変わったりするからだ。よって、重量については、他の仕様に依存して変更されることとなる。

④サイズ

高さ方向のみ変動部に設定した。点火回数の変化により、高さ方向が変更され

る。また、ターゲット顧客の変化により、点火回数が同じでも高さを変更した方がよい場合もある。過去の実績を考えると様々なターゲット顧客に対して、高さを変更しているため、変動部として設定した。

　以上のように、過去の製品仕様や顧客の使用環境、ターゲット顧客などを把握しながら、各区分を設定していく。

(3) 仕様決定プロセス

　仕様決定プロセスは、各仕様の依存関係について、視える化をしていく作業となる。顧客や市場からの要求によって決まる仕様を選択すると、紐づいて設定される仕様を明確にしていく。仕様内容区分と同じようにライターで解説していく。

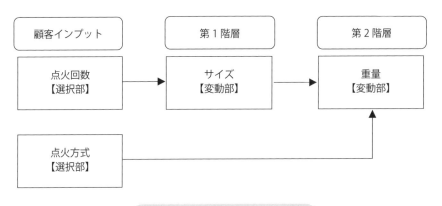

図表5-7　仕様決定プロセス図

　設定する段階は、**図表5-7**のように「顧客インプット」「第1階層」「第2階層」となる。顧客インプットの仕様項目はあくまでも顧客が設定するものであり、企業で設定する項目ではない。受注品生産の場合は、顧客が要求仕様書で直接、設定してくるだろう。一方、量産品生産の場合は、顧客が紐づいていないため、ターゲットとする顧客を設定し、その顧客が製品を選ぶために必要な仕様項目となる。ライターでは、点火回数と点火方式という2つにより選ばれる。

　次に第1階層以降は、顧客インプットを受けて、企業が設定する仕様である。

ライターの場合、点火回数を受けて、サイズ（点火回数を増加させるためには、燃料の増加が必要となる）が決まる。よって、サイズが自由に決められるのではなく、顧客が求める点火回数によって、最小のサイズが決まるのだ。さらに、サイズや点火方式が決まれば、最低の重量も決まってくる。あくまでも最低の重量であり、他の機能部品を追加すれば、重要も変化するだろう。このように、各仕様の依存関係から、どのように仕様が決定されていくのかを明確にしていく。

(4) 仕様モジュール

　(1)〜(3) の内容をまとめていき、各仕様項目に対して、区分関係、依存関係、選択のルールを記載していく。ライターで言えば**図表5-8**のようになる。

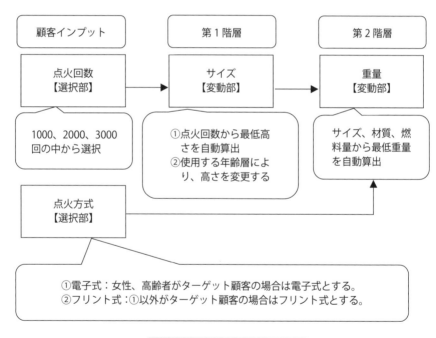

図表5-8　仕様モジュール図

　このように選択のルールを各仕様で設定することにより、誰でも同じ仕様が設定可能となる。

4 モジュール以外の新規設計部分の管理（変化点管理）

　読者の皆さんはほとんど設計者だろうから、変化点管理という言葉に対して、なんとなく、実施するべきことは想像できるだろうが、まずは変化点管理の定義から明確にしていこう。

（1）変化点管理の定義

　変化点管理は、「流用元もしくはあらかじめ設定したモジュールから、変更した、または変化した部分を抽出し、詳細内容を視える化したものである」と定義される。

　これらの内容を明確にし、DRBFMを実施することで、問題を未然に防ぐことを可能とする。

（2）変化点管理の実施理由

　設計起因の不具合の多くは、新規設計ユニット・部品、もしくはインターフェースの変更によって発生している。あるいは、他のユニット・部品からの影響を受け、変更せざるを得なかった部分で発生している。例えば、ターゲット顧客が変更されたことにより、使用環境が変わってしまい、不具合が発生するといった内容だ。設計者が顧客の使用環境の変化まで追求できていなかったために発生する。この部分を明確にすることにより、多くの不具合は未然に防ぐことが可能となるのだ。

（3）変化点管理とDRBFMの進め方

①変化点抽出

　変化点抽出には、**図表5-9**のように、下記の内容を検討しなければならない。

A：流用元の選定根拠

　モジュール化を実施していれば、それぞれの仕様や構造、選択の根拠は明確に

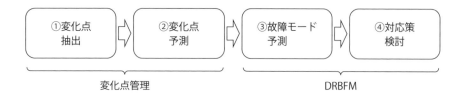

なっているため問題はないが、流用設計の場合、なぜその製品を流用元としたのか明確にする必要がある。流用元を間違えてしまうと、後の基本設計や詳細設計で設計変更回数が多くなってしまう。また、変更が多ければ多いほど、設計品質が低下する可能性が高い。

B：変更前後の比較

変更前の仕様や構造の内容と、これから設計する内容を比較する。この比較により、変化点の抽出が可能となる。

②変化点管理

変化点を具体的に管理するためには、下記の4つの視点が必要となる。

A：設計の変更点

B：使用環境の変化点

C：製造工程の変化点

D：材料の変更点

Aについては、自分自身で変更しているため、簡単に内容を抽出することができるが、BやCの変化点については、他の部門にヒアリングを行いながら、変化点を抽出する必要がある。Bの使用環境の変化点は、営業部門や製品企画部門にヒアリングし、Cの製造工程の変化点については、製造関係の部門にヒアリングする必要がある。また、Dの材料の変更点については、設計者自身が材料変更した点のみではなく、樹脂であれば原材料の配合の変更など、設計者のみでは変更に気づかないような点についても、確認が必要となる。

今回のライターに当てはめて変化点管理を行うと、下記のようになる。

①変化点抽出

A：流用元の選定

　ライターモジュールを使用。仕様と構造モジュールがあらかじめ設定されているため、正しい流用元と判断する。

B：変更前後の比較

　今回の新しいライターは、着火回数の増加が主な開発理由であり、着火回数増加のために、点火作用モジュールを変更する予定。

②変化点管理

A：設計の変化点

　点火作用モジュールのカバーの開口面積拡大。

　B〜Dについては特になし。

　大きく構造を変化させていないため、設計の変化点のみになっている。しかし、ターゲット顧客や仕向け先などが変わった場合には、変化点管理を十分に行い、問題の未然防止を図ることが必要となる。この変化点管理の内容をDRBFMに引き継ぎ、故障モードと対応策を検討していこう。

5 DRBFMを活用する

　新規設計ユニットと部品の変化点管理が終了したら、その変化点に対して背反事項がないか確認していこう。背反とは、「相反すること。相いれないこと」である。

　新規設計で、モジュール変更をした場合にそこから発生する背反事項（心配or故障モード）を検討する必要がある。そこで活用するのが、変化点管理とDRBFMである。フロントローディングのツールでも説明したが（55頁参照）、設計変更点や条件・環境の変化点に着眼した心配事項を検討することである。

　ライターの点で言えば、先ほど説明したカバーを変更したことである。カバー

変更に対しての DRBFM を検証してみよう。今回の改良の変化点は、「金属カバーの開口面積拡大」である。

まずは、カバーにはどのような機能があるのかを確認する必要がある。構想設計の段階で必要な全てのユニット・部品について機能を明確にしていく。カバーに求められる機能は複数あり、全てを満たすような構造が必要である。今回の場合は、「ガス噴射付近に酸素を供給する」については、開口面積を拡大することにより、以前より機能が向上している。しかし、その相反する機能として、「内部に異物が混入しないようにする」があるため、背反事項の心配点の検証が必要である。問題の未然防止をするためには、背反事項がクリアできているかを確認する必要があり、図面と試作部品と DRBFM の結果が必要である。では、DRBFM の定義の活用方法を再度確認してみよう。

① DRBFM とは

「Design Review Based on Failure Mode」を省略したもので、問題の未然防止活動の事である。FMEA と DR を融合させたシステムとなる。

② DRBFM 誕生の経緯

FMEA に使用される標準的な記入用紙は、多くの項目を埋めなければならず、設計者の負荷が非常に高くなり、実際の業務には利用されていないのが現状である（もちろん FMEA を使用している会社も存在する）。

⇒ FMEA のそもそもの目的は、考えられる故障モードを抽出して、故障を未然に防止することであり、用紙を記入することが目的ではない。そのため、現状の設計のやり方に合わせた FMEA が DRBFM である。設計者の負荷を軽くし、チーム全員で問題を未然に防ぐチーム活動を実施すべきである。

③ DRBFM の特徴

DRBFM は現在の設計の方法である流用設計を基本とし、検討していく。流用設計以外の部分、すなわち新規設計部分のみについて故障モードを予測し、未然に対策をしておくことになる。新規設計部分や条件、環境の変化点のみに着目する。この内容を検討しようとする場合、設計内容の変化点を管理しておく必要がある。DRBFM は設計の変化点管理も行うことになる。

④DRでの確認

　DRBFMは設計者だけではなく、DR参画者と一緒に検討する必要がある（もちろん、たたき台は設計者が作成する）。設計者だけでは気付いていない問題点を挙げてもらうことにより、設計品質の向上を狙う。

　DRBFMをDRで検討するためのポイントは以下の通りである。

- 顧客の立場から考える。
- 使用環境条件を考え、材料から形状、製造工程へと要因を検討する。
- ばらつきの要因を検討する。
- 機械的な要因だけではなく、化学的な要因も検討する。
- 温度は高温から低温まで、特に着氷、結露に注意する。
- 顧客の特異な使用方法についても議論する。

⑤対策結果の評価

　図面に織り込んだ試作品が完成し、DRBFMで検討した対応策の結果を確認するための評価が終了した時点で、再度DRBFMの内容を確認する。

⇒対策の効果が十分にあるか確認する。

⑥DRBFMの全体の進め方

　図表5-10のような流れになる。

　では、100円ライターのDRBFMを検討してみよう。

DRBFMの検討内容

①構成部品の確認

　変化点のみに着目するため、金属カバーの開口面積拡大について検討する。

②変化点に着目

　開口面積の拡大内容を明確化する。

　現行　：無し（横からの穴は無し）

　新製品：$12mm^2$（縦：6mm×横：2mm）

③変更に関わる心配事項（故障モード）を検討

　異物が混入する。

④心配事項の原因追究

　開口面積拡大により、異物が混入しやすくなる。

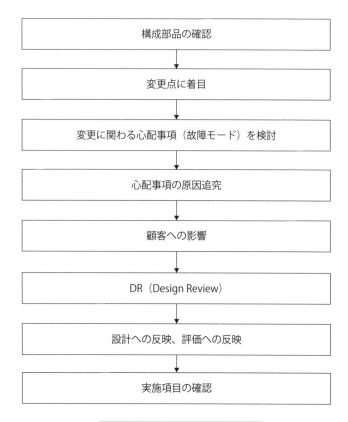

```
構成部品の確認
    ↓
変更点に着目
    ↓
変更に関わる心配事項（故障モード）を検討
    ↓
心配事項の原因追究
    ↓
顧客への影響
    ↓
DR（Design Review）
    ↓
設計への反映、評価への反映
    ↓
実施項目の確認
```

図表5-10　DRBFMの進め方

⇒異物は、ライターをズボンのポケットやカバンの中に入れた時に混入する。

⑤顧客への影響

• 異物が混入し、着火できなくなる。

• 異物が燃えやすいものであれば、最悪の場合出火する。

⑥心配点を取り除くための設計検討内容

• 異物がある場合、ガスの周りの酸素が少なく、着火できない。

• 異物が入った場合、カバーを取り外し、メンテナンスするよう顧客に注意を促す説明文を追加する。

- 大きい異物が入らないように金属メッシュを追加する。

  ⇒顧客に重大事故が発生しないように金属メッシュを追加する。

⑦設計への反映内容

- 金属メッシュの材質と耐久性を追加で確認する必要がある。

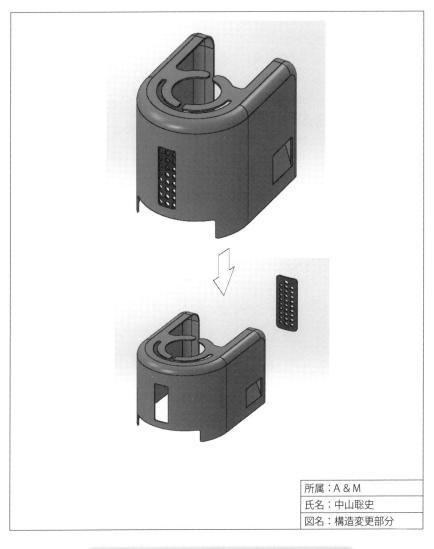

所属：A＆M

氏名：中山聡史

図名：構造変更部分

図表5-11　新たに金属メッシュを追加した図面

DRBFMを実施した結果、**図表5-11**のような金属メッシュの追加が決定。

⇒もし、DRBFMを実施していなければ、開口面積を拡大した100円ライターが顧客に渡り、市場不具合が発生していた可能性がある。さらには重大災害が発生している可能性もある。変更点に対して、DRBFMを実施することがいかに重要かを理解してもらえたと思う。

　このようにモジュール化が完成しても、モジュールのみで製品設計が完了することは少なく、新規設計が発生するだろう。今まで流用部分の修正や変更にかけていた時間を新規設計部分に注力し、さらには問題の未然防止を図るために変化点管理とDRBFMを実施することで飛躍的に設計品質が向上する。

6 第5章まとめ
【モジュールの運用と変化点管理】

1. モジュールを正しく運用するための考え方
　モジュールを正しく使用するためには、設計のインプット情報にも仕組みが必要となる。その仕組みを「仕様モジュール」と呼んでいる。このインプットのばらつきを最小限に留めることにより、派生の仕様がなくなり、適切なモジュールの選択も可能となる。

2. モジュール運用プロセス
1）受注&製品企画・基本設計段階
　基本設計へのインプットとして、仕様モジュールを活用し、仕様を視える化していく。その仕様モジュールを用いながら、基本設計にインプットされたとき、構造モジュールにて適切なモジュールを選択していく。この時に、「個別部」に設定した内容については、新たな設計をしなければならない部分であるため、変化点管理として記録しておく。また、その変化点での問題を未然に防止するた

め、DRBFM を活用していく。

2) 詳細設計＆量産設計段階

　基本設計のアウトプット（仕様書や構想図）から、各部の部品を設計していく。この部品設計時に検討しなければならないのが、「固定・選択・変動部」の修正だ。各部品に設定された区分にて、設計が可能か検証を行いながら、新規部品に合わせて、区分を修正しなければならない場合がある。その考え方が「各区分の格上げ・格下げ」である。この検討を行いながら、新規ユニット・部品を設計していくことで正しいインターフェースの設定が可能となる。また、量産設計段階では、生産性とばらつきを確認し、図面を修正していかなければならない。

3) 量産開始後

　量産開始後、すぐに他の案件に着手するのではなく、その製品の設計内容やモジュール内容について、振り返りを行わなければならない。それを「開発の振り返り会」と呼んでいる。この開発の振り返り会からノウハウやモジュールの修正内容を抽出しなければ、せっかく構築したモジュラー設計の仕組みが陳腐化してしまい、元の流用設計に戻ってしまう。

　また、モジュールやコア技術のアップデートを製品設計の担当者に任せてしまうと、各案件の設計の方が優先順位が高いため、いつまでもアップデートされない。可能であれば、標準化やモジュール化を専門的に検討する部門（例：標準部門）を設立し、標準部門にアップデートを任せる方が良い。

3. 運用に必要なツール（仕様モジュール）

　各仕様項目に対する選定の基準や寸法の設定ルールを明確にしていく。誰が仕様書を作成しても、同じ仕様書になるよう検討しなければならない。

　また、選択のルールと依存関係にも注意が必要だ。構造モジュールの時にも依存関係区分で各部品の紐づけを検討したが、仕様も同様である。ある仕様が決まると自動的に選択される仕様も存在する。選択のルールと依存関係に注意して、仕様モジュールを作成してほしい。

4. モジュール以外の新規設計部分の管理（変化点管理）

　変化点管理は、流用元もしくはモジュールから、変更した、または変化した部分を抽出し、詳細内容を視える化したツールのこと。さらに変化点からDRBFMを作成し、問題を未然に防ぐことを可能とする。

　進め方は、「変化点抽出⇒変化点予測⇒故障モード予測⇒対応策検討」である。また、変化点管理の視点としては、「設計の変化点、条件環境の変化点、材料の変化点、製造工程の変化点」の4つである。この視点にて抜けもれなく、変化点を抽出しなければならない。

5. DRBFMを活用する

　4でも解説しているように、変化点に対して、どのような故障が発生する可能性があるかを検討しなければならない。問題の未然防止として、あくまでも故障の可能性があるものに対して、問題点を予測するという作業であるため、本当に製造工程や市場で発生するかは分からない。しかし、設計起因の不具合の多くは、この変化点で発生していることが多いため、新規設計部分については、より慎重に設計を進めなければならない。

ちょっと雑談
トヨタのモノづくり語録

トヨタ自動車では先人達による言葉としての遺産が多く残っている。この言葉には多くの深い意味が含まれており、この機会に紹介していきたい。

引用：『トヨタの上司は現場で何を伝えているか』若松義人（PHP研究所）

①繰り返し根気よく

②言ってダメなら自分で直せ

③忍耐が必要

④人づくりは権限でやるものではない

⑤まずはやってみせる

⑥創意工夫活動

⑦安全と5S

⑧標準がないところに改善はない

⑨聞く耳を持つことが育成力を持つこと

⑩トヨタで部下に求められることは知恵を出す事

⑪打合せは議論に勝つ事が目的ではない仕事を進めることが目的

⑫現場を診断できるやつはごまんとおる現場を改善できる治療士でないとダメ

⑬工場はショールーム

⑭誰もがやって出来るプロセスを用意せよ

⑮不良や失敗はみんなの視えるところにおく

⑯経営者は1日1回は現場に足を運ぶ

⑰ムラがあるから、ムリをして、ムダがでる

特に⑰の「ムラがあるから、ムリをして、ムダがでる」は非常に理にか

なった考え方である。この文章のままでは少し理解がしづらいため、分かりやすく時間のムダで解説していこう。

　近年、働き方改革が流行っており、仕事の仕組み改革や生産性向上が急務となっている。もちろん、働いている人たちが十分なライフワークバランスを確保できるよう会社側も努力しているだろう。そんな中で、生産性向上の1つとして"ムダ取り"という言葉が使われ、"ムダ"を排除しようという改善の考え方がある。

　もちろん、仕事におけるムダは取り除くべきだと考えているし、そのムダ取りで生産性が向上するのであれば、ぜひ取り組んでいただきたい。しかし、そのムダ取りのやり方が間違っていると私は考えている。そのやり方というのが、「ムダを探し、その作業をやめることを検討する」という内容だ。全てのムダ取りにおいて、前述のやり方が間違っているというわけではないが、どのような仕事であっても成功する確率が限りなく低いと言わざるを得ない。なんらかの原因によりムダが発生するわけであり、その原因を取り除かなければ、ムダな仕事はなくならないと私は考える。無理やりそのムダを無くした場合、形を変えて、別の部分に同じようなムダが発生するだろう。

　では、ムダはどのようになくせばいいのだろうか。私の考えるやり方を一言で言えば「ムラを無くす」である。一見意味が分からないだろうが、いったん覚えていてほしい。よく「ムリ、ムラ、ムダ」という言葉を聞いたことがあるだろう。言葉自体間違っていないが、順番が間違っていると私は考えている。本来の正しい順番は、「ムラ、ムリ、ムダ」である。では、「ムラ、ムリ、ムダ」を**図表5-12**で解説しよう。

　残業しなければならないということは、定時で帰れるよりも仕事量が多いということである。では、その仕事量が多い日数が続けば、社員はどう思うかというと「早く仕事を終わらせて、早く帰りたい」となる。「早く仕事を終わらせる」ためには、通常よりも生産性を上げなければならな

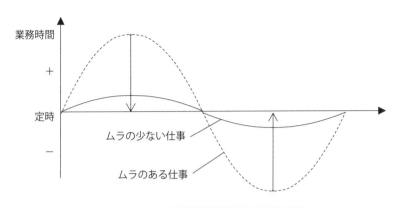

図表5-12　ムリ、ムダ、ムラの関係

い。「生産性を能力以上に上げる（＝ムリ）」をすると「誤記などの間違い
が増える（＝ムダ）」ということになる。

　逆に仕事量が少ない場合は、手待ちの状態になる。「時間を持て余す
（＝ムダ）」ことになる。仕事量が多い時も少ない時も、結局のところムダ
が発生している。ムダが発生する根本の原因は、"ムラ"があるから。「ム
ラがあるから、ムリをして、ムダがでる」ということに繋がる。"ムダ"
を無くすためには、"ムラ"を削減することである（上記の矢印）。仕事量
を平準化し、可能な限り"ムラ"を削減することにより、ムダ取りを行
う。"ムダ"というのは本来必要ではない仕事のことであるので、イレ
ギュラーな事態を示すことが多い。そのイレギュラーをどれだけなくせる
か（＝平準化できるか）が、ムダ取りの一番の近道である。

あとがき

　本書を執筆し終わって改めて思うのは、「設計」という仕事は職人気質の仕事であり、多くの設計者が自分の設計した構造や機構について自信を持っているからこそ、その内容が視える化されずに属人化してしまっているということである。今の時代だからこそ、その過去のノウハウを集約し、新しい領域の設計に力を注いでみてはどうだろうか。

　設計者が職人気質だからこそ、多くの時間を費やしながら、設計を進めている。この発想を変えていかなければならない。もっと楽に楽しく設計をしながら、自分自身の能力をさらに向上させるために新しい領域に出て行こうではないか。このためにもモジュラー設計の仕組みは必ず構築してほしいし、構築すれば間違いなく、設計者は効率よく設計することが可能となる。

　ハードウェア設計、ソフトウェア設計、ネットワーク設計と様々な領域の設計があるが、設計の仕事はこの世の中からなくなることは無いし、もっと複雑な設計内容が将来に待っている今こそ、モジュラー設計の仕組みをぜひとも導入してほしい。日本の製造業が世界ナンバー1であり続けるためには、先人達のノウハウをいかに集約できるかにかかっている。

　最後に元設計者として、本書が少しでも日本の製造業の役に立てれば、幸せである。もっと高みを目指して、愚直に設計に取り組んでいってほしい。

2020年7月

中山　聡史

索 引

英数字

あ

か

さ

著者略歴

中山　聡史（なかやま　さとし）

大阪府大阪市出身。関西大学機械システム工学科卒業後、大手自動車メーカーにてエンジン設計、開発、品質管理、環境対応業務等に従事。ほぼすべてのエンジンシステムに関わり、海外でのエンジン走行テストなども多く経験。現在、株式会社A&Mコンサルトにて製造業を中心に設計改善、トヨタ流問題解決の考え方を展開。理念である「モノ造りのQCDの80％は設計で決まる！」のもと、自動車メーカーでの開発〜設計〜製造、並びに品質保証などの経験を活かし、多くのモノ造り企業で設計業務改革や品質・製造改善、生産管理システムの構築などを支援している。
著書に『正しい検図』（日刊工業新聞社）がある。

実践！モジュラー設計
新規図面をゼロにして、設計の精度・効率を向上させる　　　NDC501.8

2020年7月27日　初版1刷発行　　　　定価はカバーに表示されております。

©著　者　　中　山　聡　史
発行者　　井　水　治　博
発行所　　日刊工業新聞社

〒103-8548　東京都中央区日本橋小網町14-1
電話　書籍編集部　　03-5644-7490
　　　販売・管理部　　03-5644-7410
　　　FAX　　　　　　03-5644-7400
振替口座　00190-2-186076
URL　https://pub.nikkan.co.jp/
email　info@media.nikkan.co.jp

印刷・製本　新日本印刷株式会社

落丁・乱丁本はお取り替えいたします。　　　2020　Printed in Japan
ISBN 978-4-526-08071-5

設計者
えっ!? 検図って図面を提出して、検図者によるノウハウで図面の誤記を見つけるだけではないんですか？

正しい検図
自己検図・社内検図・3D検図の考え方と方法

中山聡史 著
定価 （本体2,200円+税）
ISBN 978-4-526-07740-1

本書では、正しい検図の流れとポイントを具体的に解説する。構想図、試作図、量産図、開発段階での図面内容といった、検図の段階を踏まえた心構え、具体的なプロセス、検図チェックリストの活用法を解説する。また社内検図のみならず、自己検図、3D図面に対する検図の高品質化のアプローチについても解説する。